飲料灌裝輸送線數位化設計平臺研究與開發

陶熠 著

序言
Preface

  在飲料灌裝輸送線中，由於單元設備如灌裝機、貼標機等大多由專業廠商提供，因此如何快速設計出滿足飲料生產線要求的灌裝輸送線，已成為當前飲料機械製造企業重點關注的問題。同時由於受生產線場地的限制，而且還受生產線的產能目標、單元設備產能等約束，涉及佈局、結構、運行等內容，灌裝輸送線設計是典型的多約束條件下的設計優化問題，是當前飲料機械製造企業的難點。應用信息化的手段，構建灌裝輸送線數字化設計與製造平臺，實現對灌裝輸送線全生命週期的支持，是促進飲料機械製造企業快速回應客戶需求、降低新產品開發設計成本、提高企業市場競爭能力的重要途徑。本書對灌裝輸送線數字化設計平臺進行了需求分析，在分析灌裝輸送線數字化設計的過程與主要內容後，研究了灌裝輸送線數字化設計平臺的功能體系，對平臺的功能模型進行了設計，平臺集成了零部件庫、設備庫和輸送單元庫等基礎庫的功能。本書提出了灌裝輸送線產品集成化建模的方法與技術，支持佈局的灌裝輸送線部件變型設計的方法與技術，基於佈局的灌裝輸送線零部件協同變型的方法與技術。

  本書的研究成果主要體現在以下幾方面：一是設計和開發了建模工具，主要包括灌裝輸送線零件建模工具、部件建模工具和零部件系列化設計工具。利用基於事物特性表（SML）的方法實現零件參數化建模，利用配置技術對輸送線部件建模，根據相似性原理，對輸送線零部件進行系列化設計。二是設計

和開發了灌裝輸送線部件變型設計工具，在平臺基礎庫（零件庫、部件庫、輸送線單元庫、設備庫）的基礎上，實現了灌裝輸送線部件的變型設計。三是設計和開發了灌裝輸送線的零部件協同變型設計功能，實現了灌裝輸送線佈局設計與零部件設計的協同變型設計。

陶熠

摘要

　　第一章介紹了數字化設計製造技術的發展歷程和發展趨勢，以及國內外研究現狀，引出了本書的研究內容，即對於灌裝輸送線產品的數字化設計，如何利用有效的工具和方法來提高設計效率及設計質量的關鍵技術。

　　第二章對灌裝輸送線數字化設計過程進行了分析，針對灌裝輸送線數字化設計需求，設計了灌裝輸送線數字化設計平臺體系結構。設計平臺集成了零部件庫、設備庫和輸送單元庫等基礎庫的功能。闡述了集成平臺關鍵技術，包括灌裝輸送線產品族模型建模技術，輸送線零部件協同變型技術和零部件系列化技術。

　　第三章對灌裝輸送線產品集成化建模方法和技術進行了研究，利用基於事物特性表（SML）的方法實現零件參數化建模；利用配置技術對輸送線部件建模；根據相似性原理，對輸

送線零部件進行系列化設計。分析了灌裝輸送線零件建模、部件建模、產品系列化的流程，通過過程優化對零件建模工具、部件建模工具、產品系列化工具進行了設計和開發。

第四章闡述了基於平臺的灌裝輸送線數字化設計，利用佈局模型庫提供的模型資源進行灌裝輸送線的佈局設計，利用仿真軟件對佈局模型進行分析，根據佈局設計和仿真分析的結果對灌裝輸送線零部件及輸送單元進行結構設計。實現了部件變型設計，利用零部件協同變型技術實現了輸送線組成單元的協同變型。

第五章對本書研究內容進行了總結和展望。

關鍵詞：灌裝輸送線；數字化設計；產品建模；變型設計

Abstract

Combined with the priority themes key project in IT Implementation in Manufacturing Industries of Zhejiang Province 「Development and Application of Digital Product Design and Manufacture Integration Platform for Food and Beverage Industries」(No. 2008C11005), In reading the literature home and abroad, digital design platform of filling conveyor line has been studied. Proposed filling transmission line products integrated modeling methods and techniques, components variant design methods and techniques to support the layout of filling transmission lines, parts and components together variant methods and techniques based on the layout of filling transmission lines. We designed the architecture and functional model of digital design platform for filling conveyor line, developed of digital design platform prototype system to support bottling conveyor line designing.

Chapter 1 introducedthe development process and development trend of digital design and manufacturing technology, and the research situation home and abroad, took out the content of the thesis, that is, for the filling conveyor line design, how to use efficient tools and methods to improve design quality and effectiveness.

Chapter 2analyzed the design process of filling conveyor line designing, based the requirement of filling conveyor line design, design the architectures of the design platform for filling conveyor line designing. The platform integrated basis library such as parts library, transport cell library, equipment library, etc. This paper introduced the key technologies of the plat form, including modeling of the product family model of filling transmission line, conveyor line components collaborative change and parts technologies serialization techniques.

Chapter 3 studied the integrated modeling methods and techniques of the filling conveyor line products. SML technology and configuration technology were been used to realize the parts modeling. According to the similarity principle, designed the components series of transmission line. This chapter analyzed the process of parts modeling, transmission cell modeling and series technology. According to that this paper designed the tools for parts modeling and series design.

Chapter 4 introduced the design of filling conveyor line based on the platform. First the libraries on the platform were been used to support the layout design. After the analyzing the layout model and simulation the model, The results were used to support component architecture design. Finally variant parts designing and collaborative variants realized on the platform.

The content of this paperwas summarized and prospects in Chapter 5

Key Words: Filling Conveyor line; Digital Design; Product Modeling; Variant Design

目錄
Contents

第一章　緒論　/1
1.1　研究背景和目的　/1
　1.1.1　研究背景　/2
　1.1.2　研究目的　/3
1.2　研究現狀　/4
　1.2.1　數字化設計現狀　/4
　1.2.2　產品建模的研究現狀　/6
　1.2.3　變型設計研究現狀　/6
　1.2.4　灌裝輸送線數字化設計的研究現狀　/7
1.3　本書的研究內容及體系框架　/9
1.4　本章小結　/10

第二章　灌裝輸送線數字化設計平臺的研究　/11
2.1　灌裝輸送線數字化設計平臺需求分析　/11
　2.1.1　灌裝輸送線簡介　/11
　2.1.2　灌裝輸送線設計過程分析　/13
　2.1.3　灌裝輸送線數字化設計的需求　/15
2.2　灌裝輸送線數字化設計平臺總體方案　/16
　2.2.1　平臺體系結構　/17
　2.2.2　平臺功能模型　/19

         2.2.2.1　設計項目管理　/21
         2.2.2.2　輸送單元設計　/21
         2.2.2.3　輸送線總裝設計　/22
         2.2.2.4　系統接口　/23
      2.2.3　平臺基礎庫和支持工具　/23
         2.2.3.1　平臺基礎庫　/23
         2.2.3.2　灌裝輸送線設計的支持工具　/29
   2.3　灌裝輸送線數字化設計平臺關鍵技術　/30
      2.3.1　灌裝輸送線產品族模型建模技術　/30
      2.3.2　面向灌裝輸送線產品設計過程的零部件協同變型技術　/31
      2.3.3　灌裝輸送線零部件設計系列化技術　/32
   2.4　本章小結　/32

第三章　灌裝輸送線產品集成化建模工具　/33
   3.1　灌裝輸送線零部件模型與系列化概述　/33
      3.1.1　灌裝輸送線零部件模型、輸送單元模型及設備模型　/34
      3.1.2　輸送線零部件主模型與信息模型　/36
      3.1.3　面向灌裝輸送線零部件設計的系列化　/36
   3.2　灌裝輸送線零件建模工具　/38
      3.2.1　基於事物特性表的產品建模原理和過程分析　/38
         3.2.1.1　建模原理　/38
         3.2.1.2　建模過程分析　/39
      3.2.2　零件建模工具的設計　/40
         3.2.2.1　灌裝輸送線零件建模總體流程　/40
         3.2.2.2　灌裝輸送線零件建模功能模型及其分解　/41
      3.2.3　零件建模工具的開發　/48
      3.2.4　零件建模原型系統界面　/51

3.3 灌裝輸送線部件建模工具 /57
　3.3.1 基於配置的部件建模原理 /57
　　3.3.1.1 灌裝輸送線部件的信息描述 /57
　　3.3.1.2 灌裝輸送線部件模型配置技術 /58
　3.3.2 部件建模工具的設計 /60
　　3.3.2.1 灌裝輸送線零件建模總體流程 /60
　　3.3.2.2 灌裝輸送線零件建模功能模型及其分解 /62
　3.3.3 部件建模工具的開發 /64
　　3.3.3.1 灌裝輸送線部件組成模型 /64
　　3.3.3.2 組成模型獲取系統開發過程 /66
　3.3.4 部件建模原型系統界面 /66
3.4 輸送線零部件系列化工具 /69
　3.4.1 系列化原理 /69
　3.4.2 零件系列化設計與開發 /70
　3.4.3 部件系列化設計與開發 /72
　3.4.4 產品系列化原型系統界面 /74
3.5 本章小結 /75

第四章 基於平臺的灌裝輸送線數字化設計 /76

4.1 灌裝輸送線數字化設計核心內容及其支撐 /76
　4.1.1 灌裝輸送線數字化設計平臺運行環境及支撐要素 /76
　4.1.2 灌裝輸送線數字化設計核心內容 /77
　4.1.3 灌裝輸送線不同設計內容所需支持軟件 /78
4.2 基於平臺的灌裝輸送線設計技術 /79
　4.2.1 基於設計知識庫的灌裝輸送線佈局設計 /79
　4.2.2 基於目標優化的灌裝輸送線佈局分析 /82
　4.2.3 快速回應佈局需求的結構設計 /83

4.3　支持佈局設計的輸送線部件變型設計　/84
　　4.3.1　基於事物特性表（SML）的變型設計原理　/85
　　4.3.2　支持佈局的部件變型設計過程建模　/86
　　4.3.3　部件變型設計軟件功能的實現　/92
4.4　基於灌裝輸送線佈局的零部件協同變型設計　/94
　　4.4.1　零部件協同變型設計技術　/94
　　4.4.2　基於佈局的零部件協同變型　/96
　　　4.4.2.1　零件的變型　/96
　　　4.4.2.2　改變部件裝配體組成零件的幾何形狀　/98
　　　4.4.2.3　通過組成零件的改變驅動零部件協同變型　/99
　　4.4.3　零部件協同變型設計實現　/101
4.5　本章小結　/103

第五章　總結與展望　/104
5.1　總結　/104
5.2　展望　/105

參考文獻　/106

第一章
緒　論

【摘要】本章主要介紹 CAD、CAE、CAM 等數字化設計製造技術的發展歷程和發展趨勢。本章分析了灌裝輸送線數字化設計的背景，說明了本書的研究目的，詳細敘述了數字化設計、產品建模、變型設計、灌裝輸送線數字化設計的研究現狀；通過廣泛閱讀相關文獻資料，明確了本書的研究目標，說明了本書研究的意義，進而提出了本書的研究內容和總體研究思路。

1.1　研究背景和目的

隨著市場競爭的不斷加劇，產品的生命週期越來越短，在買方市場下，快速設計製造出滿足客戶要求的產品，將成為企業的第一競爭要素。此外，隨著經濟的發展以及社會的進步，市場對於產品的需求越來越多樣化和個性化。當前的企業生產經營現狀已滿足不了人們逐步增長的物質需求，企業只有不斷創新，不斷研究開發新的產品，即時向市場推出創新性產品，趕超同行，引領行業的發展，才能在外部競爭及市場需求的爭奪上走在前列，立於不敗之地。在當前金融危機對實體經濟的

強烈衝擊下，國外消費市場疲軟，企業如何挖掘國內潛在消費市場，如何針對市場已有的需求以及即將形成的消費市場做文章，如何在短時間內開發出新產品，縮短開發週期，降低開發成本，增強市場競爭力，是擺在國內廣大企業面前的問題。

1.1.1 研究背景

本書所研究的×××食品飲料生產企業即面臨這樣的問題。一方面外部競爭環境要求企業不斷推出新產品，以差異化競爭的戰略優勢來贏得市場爭奪的戰爭；另一方面國內軟飲料市場的現狀已滿足不了人們對於飲料產品的多元化需求。因此企業制定了差異化競爭的戰略，這就對企業快速開發製造新產品提出了要求。這其中包括飲料產品的多元化和飲料包裝的個性化和多樣性。飲料產品和飲料包裝的多元化則對飲料灌裝輸送線的設計製造提出了要求。

國內學術界對於灌裝輸送線的主要研究有：高原等[1]對於輸送線上輸送物體前後不匹配的問題進行了研究；王書亭等[2]利用面向對象的方法採用仿真的技術手段對灌裝生產線進行設計；李占輝[3]對液化石油氣灌裝工藝進行了研究；崔榮會等[4]對某企業灌裝輸送線設計製造的系統進行了描述。而對於灌裝輸送線數字化設計的研究，國內相關研究目前略顯不足。

×××企業集團主營業務之一是食品飲料生產，在食品飲料生產所需的飲料灌裝輸送線設計與製造過程中，迫切需要解決的問題有：①灌裝輸送線佈局優化設計：由於佈局考慮的因素很多，設計人員缺乏相應的信息化工具支持，只能對以前佈局方案的適應性進行修改，並通過設計經驗來判斷是否能夠達到設計要求，從而必然會由於考慮不周全而導致灌裝輸送線在現場安裝時很難一步到位，需要對佈局進行局部調整，從而導致整個輸送線的設計與製造週期加長。②灌裝輸送線零部件的合

理化問題：根據灌裝輸送線的設計流程，在輸送線總體佈局確定後，需要確定各種零部件的數量和規格。灌裝輸送線的個性化定制確定了不同輸送線所需的零部件的數量和規格各不相同，從而導致了灌裝輸送線零部件的種類和數量都很多。如何通過數字化設計與製造技術減少灌裝輸送線零部件的數量和種類，是該企業縮短灌裝輸送線設計與製造週期、降低生產成本、提高管理水平的關鍵問題。

1.1.2　研究目的

食品飲料企業在實施產品製造戰略時，根據產品的不同、產能的不同、工廠環境的不同、設備的不同等相關的約束條件，為了實現快速開發製造多樣化的新產品包裝，需要對飲料灌裝過程中使用到的灌裝輸送線進行定制化開發。如何在較短的時間內設計出滿足要求的飲料灌裝輸送線是本書的研究目的。在飲料灌裝輸送線數字化設計過程中，通過數字化設計的手段，減少零部件種類和數量，支持輸送線總體佈局、佈局運行仿真、輸送線零部件的結構設計、輸送單元設計等，減少現場安裝時的錯誤，以縮短飲料輸送線設計的週期和降低成本為目的。對於食品飲料灌裝輸送線而言，因為場地和產能的要求，每一條生產線都是獨立的，無法通過複製的方法進行重複設計。通過數字化設計的方法可以提高灌裝輸送線的設計效率，減少設計週期，降低設計成本，提升設計質量。本書的具體研究目的為：

（1）建立基於事物特性表（SML）的灌裝輸送線零部件族建模方法

要實現灌裝輸送線數字化設計，對灌裝輸送線零部件進行建模是基礎。基於事物特性表的建模方法是通過定義事物特性表參數，建立幾何模型與事物特性表的關係，通過事物特性表來描述幾何模型的形狀特徵。

(2) 支持灌裝輸送線數字化設計的變型設計

變型設計是在不改變原有產品基本結構和功能性能的情況下,在原有模型或實例的基礎上,通過改變產品的幾何模型參數來實現的。用參數驅動的變型方法可以快速實現產品的幾何造型,從而實現灌裝輸送線的快速設計。

(3) 開發面向灌裝輸送線數字化設計的應用系統

在基於事物特性表的建模技術、變型設計技術的基礎上,研究應用系統的設計和流程,開發支持灌裝輸送線數字化設計的原型系統。

1.2 研究現狀

1.2.1 數字化設計現狀

數字化、精密化、智能化、微型化、生命化和生態化是21世紀的機械製造工程的六大發展方向。在構成製造系統的三大要素物質、能量和信息中,信息正成為制約現代製造系統的主導因素,數字化被列為機械製造工程六大發展趨勢之首。

數字化是指以數字計算機為工具,科學地處理機械製造信息的一種行業應用狀態。數字化技術是指以計算機硬件、計算機軟件、信息存儲、通信協議、周邊設備和互聯網等為技術手段,以信息科學理論為基礎,包括信息的數字表達、收集、處理、存貯、傳遞、傳感、仿真、控制、物化、集成和聯網等領域的科學技術集合。

產品數字化設計與製造主要包括用於企業的計算機輔助設計(CAD)、製造(CAM)、工藝設計(CAPP)、工程分析(CAE)、產品數據管理(PDM)等內容。其數字化設計的內涵是支持企業的產品開發全過程、支持產品相關數據管理、支

持企業產品開發流程的控制與優化等。歸納起來就是產品建模是基礎，優化設計是主體，數控技術是工具，數據管理是核心。

(1) 數字化設計國內研究現狀

國內學術界當前對於產品數字化設計與製造的研究，主要集中在產品的模塊化設計方法[5,6]、集成化產品建模[7]、基於產品平臺的數字化設計製造技術及其應用[8]、基於事物特性表的產品設計/製造/測量集成技術[9]等方面，並已有虛擬仿真技術在灌裝生產線設計中的應用研究[10,11]。

數字化設計與製造主要包括用於企業的計算機輔助設計（CAD）數字化仿真及其相應文檔的建立技術內涵，隨著經濟全球化和市場化的推進，數字化設計在製造業中的重要性逐步被企業認可，數字化設計經歷了「2維CAD→3維實體造型→參數化3維建模系統→變量化3維建模系統→虛擬現實技術」[12]的發展歷程。數字化設計與製造技術在大型飛機的設計製造過程中貫穿於產品研發製造的全過程，且與精益生產、並行工程等先進技術相融合，實現了良好的應用[13]。數字化設計製造CAX技術及PDM等技術在摩托車研發製造過程中提高了產品創新能力，縮短了產品開發週期[14]。數字化製造技術在模具設計中得到良好的應用[15]。數字化製造是先進製造技術的核心技術[16]，其作用體現在數字化智能設計、數控加工、數值仿真技術、設計優化技術和信息管理技術、三坐標測量（CMM）及計算機輔助檢測（CAI）等技術[17,18]對產品設計製造的支撐。

(2) 數字化設計國外研究現狀

國外學術界對於數字化設計與製造的研究，主要體現在多參數集成產品模型[19]，產品全生命週期條件下設計與製造的集成[20]，以降低製造成本為目的的大規模定制技術、以成組技術和工業機器人為依託的柔性製造技術、以CAD與CAM集

成為手段的計算機集成製造技術、以質量控制為目的的精益生產技術、以及時交貨為導向的JIT（Just-in-Time）技術、以CAX和PDM集成的並行工程技術、以流程再造（BPR）和製造業信息化為主體的敏捷製造技術[21]。

1.2.2 產品建模的研究現狀

產品建模是將產品的信息存儲於計算機並得以表達的過程。常見的建模方法主要有參數化建模、面向對象的建模方法、知識重用等。主要模型有：語言模型、幾何模型、特徵模型、圖樹模型、對象模型、知識模型、圖像模型[22]。

除了產品模型的建立以外，產品建模方法也是近年來學術界研究的熱點。如智能產品建模的方法[23]，基於產品族的參數化建模方法[24]，面向產品全生命週期的零件族建模方法[25]，基於本體技術的產品建模方法[26]，基於國際標準ISO 13584的建模方法[27]，顧新建等[28]提出了面向大批量定制的模塊化建模技術，譚建榮等[29]提出了面向協同裝配的產品建模方法，祁國寧等[30]提出的面向多學科優化的建模設計方法等。

1.2.3 變型設計研究現狀

變型設計是指在原有零部件的基礎上，通過改變零部件的參數，從而達到外形相似的零部件，其本身零部件的基本功能和主結構不會發生變化。變型設計是根據客戶的設計要求，在已有的零部件模型或是在已有的變型零部件實例中通過改變零部件的特徵參數，從而能快速設計出滿足客戶要求的產品。變型設計有效地利用了企業已有的資源，大大減少了設計人員的工作量，提高了設計製造企業的競爭力。

對於變型設計應用的範圍，學術界有著不同的說法。Stutz J等[31]指出在機械產品設計中有30%的設計是屬於變型設計範

疇，Prebil I 等[32]則指出在產品設計中大概有 70%左右的產品設計可以歸入變型設計範疇。但其都有一個普遍的認識，那就是，產品設計是完全可以進行變型設計的。

嚴曉光等[33]對 PDM 和 CAD 的集成進行了研究，將事物特性表（SML）技術與參數化 CAX 技術相結合，實現了產品造型的變型和工藝的變型。餘軍合等[34]利用事物特性表對零件族進行描述，減少零部件種類，實現了產品的快速設計。

魯玉軍等[35]以 CAD 系統 Solid Edge 為具體應用對象，研究了基於事物特性表進行產品變型設計的原理，並借助 Excel 的表處理功能建立了事物特性表，對 Solid Edge 的變量表功能進行了二次開發，實現產品變型設計的方法和過程。

武守飛等[36]提出了一種基於元件基礎框架的結構變型設計方法。史俊友[37]等基於 PDM 平臺開發了支持產品快速組合設計的變型設計系統，其變型設計系統支持平臺及運行流程如圖 1.1 所示。

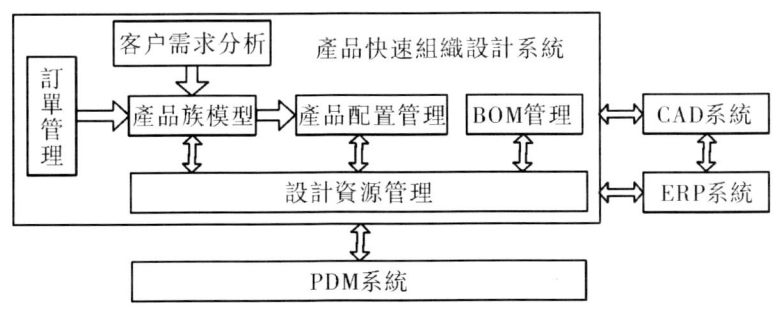

圖 1.1　系統的支持平臺及運行流程

1.2.4　灌裝輸送線數字化設計的研究現狀

灌裝輸送線在整條食品飲料生產線中起到連結各個工作站的作用，這些工作站典型的包括灌裝機、熱飲冷卻機、貼標機（套標機和封標機）、裝箱機等自動化工作站設備，所以灌裝

輸送線是整條食品飲料生產線的重要部分。灌裝輸送線設計是否合理直接影響到整條飲料生產線的運作和效率。

當前國外灌裝輸送線設計與製造水平較高的有美國、日本、德國、英國、義大利。這些國家的灌裝輸送線設計通常為了適合客戶的要求，使用了大量的設計、製造、仿真先進技術。灌裝輸送線的設計與製造正向以下幾個趨勢發展：①工藝流程自動化程度越來越高；②適應產品變化能力越來越強；③成套供應能力強；④普通採用仿真設計技術。

國內灌裝機械行業起步於20世紀70年代，在80年代末和90年代中得到了迅速發展。在食品飲料機械產品設計領域，絕大多數設計人員仍沿用以前的設計方法：①根據設計任務書尋找同類機型作為樣機；②參考樣機制定各項技術性能指標及使用範圍；③設計關鍵零部件、設計總裝圖方案和動作循環圖；④設計部件圖、總裝圖和零件圖；⑤對主要部件中的關鍵零件進行強度、剛度校核；⑥設計控制原理圖、施工圖等。目前，中國基本上可以進行自主設計中低速運行的灌裝輸送線，但高速運行的輸送線機械，特別是一些先進機械，大多仍是測繪、仿製國外的同類機型，進行國產化設計和系列化設計。

王書亭等[2]採用面向對象的方法對灌裝輸送線三維仿真系統進行了設計，鄒湘軍等[38]採用多Agent方法對灌裝生產線建模進行了研究，提出了灌裝生產線虛擬環境Multi-Agent新的建模方法。熊煥雲等[10,39]將虛擬製造技術運用於虛擬灌裝生產線，建立了製造環境中的資源類庫和相應的模型庫，實現了灌裝生產線工藝流程仿真系統。

曹菲等[40]通過將生產物流系統分析方法用於啤酒灌裝生產線設施佈局，對佈局進行了優化設計，高原等[1]對灌裝輸送線上的分列裝置進行了研究，通過對輸送線上前後物流的分析，研究了分列裝置的設計。

從灌裝輸送線數字化設計與製造國內外研究現狀來看，對

於灌裝輸送線的研究大部分是在三維仿真建模及建模優化上，對於灌裝輸送線建模，灌裝輸送線組成單元、支持灌裝輸送線設計的零部件庫及零部件建模等理論方法的研究和應用實例還不是很多。因此，研究如何能快速設計出滿足客戶要求的灌裝輸送線的理論方法對於企業來說是具有非常重要的現實意義的。

1.3　本書的研究內容及體系框架

如何運用現有 CAX 技術支持快速回應客戶及市場的產品研發設計，是本書的研究內容。本書以某企業集團灌裝輸送線數字化設計為研究背景，面向灌裝輸送線數字化設計，構建了灌裝輸送線產品設計平臺體系結構，研究了灌裝輸送線數字化設計關鍵技術，開發了灌裝輸送線數字化設計原型系統，並將原型系統在企業得到了應用驗證，從而大大減少了設計人員的重複設計，使企業設計知識得到了重用，加快了灌裝輸送線設計。

本書結合浙江省製造業信息化重大科技攻關項目，擬從理論、技術和應用驗證三個方面對灌裝輸送線數字化設計平臺進行研究與開發。具體的研究內容如下：

（1）灌裝輸送線設計平臺的研究：
①灌裝輸送線設計流程的分析。
②灌裝輸送線設計內容的概述。
③灌裝輸送線設計平臺體系結構及功能模型的研究。
（2）灌裝輸送線產品集成化建模工具的研究：
①基於 SML 的零件建模工具的研究與開發。
②基於配置的部件建模工具的研究與開發。
③產品系列化工具的研究與開發。

(3) 基於事物特性表變型技術的研究：
①基於平臺的灌裝輸送線設計技術；
②支持佈局設計的部件變型設計；
③基於佈局的零部件協同變型設計。
本書的框架結構如圖1.2所示：

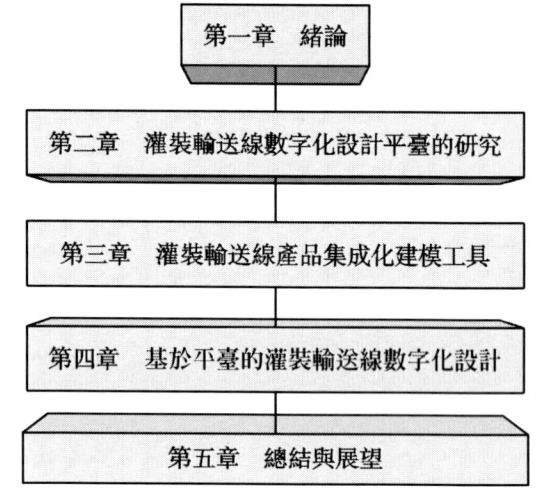

圖1.2 本書框架結構圖

1.4 本章小結

本章通過介紹數字化設計製造技術的發展歷程和發展趨勢，以及數字化設計製造技術的國內外研究現狀，引出了本書的研究內容，即對於灌裝輸送線產品的數字化設計，如何利用有效的工具和方法來提高其設計效率及設計質量，以及提高設計製造效率和質量的關鍵技術。

第二章

灌裝輸送線數字化設計平臺的研究

【摘要】 本章面向灌裝輸送線產品數字化設計,詳細闡述了灌裝輸送線的設計流程,設計流程大體可分為需求獲取、佈局設計、結構設計、運行設計、製造設計五個階段。論述了灌裝輸送線的設計內容,其中佈局設計、零部件的結構設計、運行仿真設計為關鍵部分。本章指出了灌裝輸送線數字化設計的功能需求,即:基礎庫的建立、基礎數據管理功能模塊、總體佈局設計功能模塊、輸送線組成單元設計功能建模。針對以上功能需求構建了灌裝輸送線產品數字化設計集成平臺,並介紹了該平臺的功能模型。

2.1 灌裝輸送線數字化設計平臺需求分析

2.1.1 灌裝輸送線簡介

針對飲料灌裝生產線制定的國家標準有:「QB/T 2633-2004 飲料熱灌裝生產線」和「QB/T 2734-2005 聚酯(PET)

瓶裝飲料生產線」。標準中規定了常溫（冷態）灌裝生產線應包括的設備單機（或組合機）有理瓶機、衝瓶機、混合機（用於含氣飲料）、輸蓋機、灌裝擰蓋機（或灌裝旋蓋機）、溫瓶機、噴碼機、紙箱裝箱機（或熱收縮膜包裝機）、輸瓶系統、自動清洗系統（CIP 系統、SIP 系統）等。並根據生產線規模可增選下列設備中的一種或多種單機：紙箱封箱機、貼標機（或套標機）、輸箱機、卸垛機、碼垛機、風送系統、制瓶機。熱灌裝生產線應由下列基本機器組成：衝瓶機、飲料熱灌裝擰蓋機、瓶蓋殺菌機（多數為翻倒式）、冷瓶機、輸瓶系統、噴字碼機、CIP 清洗系統。生產線可增加選配下列機器：理瓶機、風送系統、收縮膜套標機、裝箱機、輸箱系統、高位罐、低位罐、其他輔助系統。圖 2.1 為某企業的一條灌裝輸送線，該條輸送線包含了混比機、輸瓶機、灌裝機、冷卻機、輸送帶、套標機、鼓風吹干機、一分六分瓶機、包裝機、輸箱機、封箱機等。

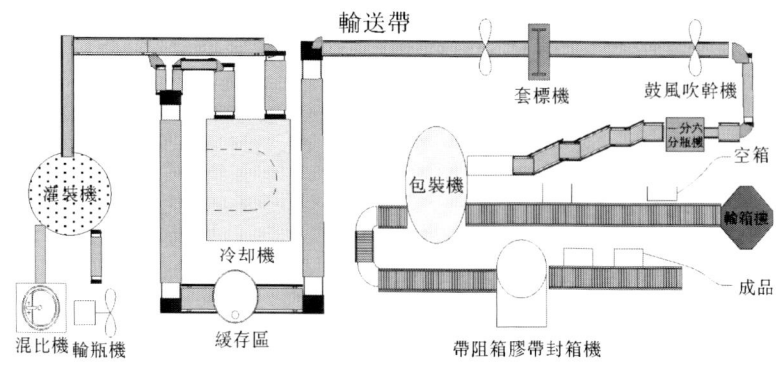

圖 2.1　灌裝輸送線示意圖

如圖 2.1 所示，在一條灌裝輸送線中，輸送單元是飲料灌裝輸送線的組成部分，其主要作用是連接灌裝機、冷卻機、貼標機、裝箱機等設備單元，並保證整套生產線上各機器之間飲料輸送量的平衡。在中國的輸送線設計領域，輸送線設計主要

依據輸送機械設計手冊，這在一定程度上減輕了設計工作量。但是對於設計手冊以外的輸送線零部件產品，在沒有參考標準的情況下，設計人員較難在比較短的時間內設計出來[41]。如何快速設計出灌裝輸送線零部件產品對食品飲料灌裝輸送線整條生產線的設計起到極為重要的作用。

2.1.2 灌裝輸送線設計過程分析

灌裝輸送線的設計過程大致可以分為需求獲取、佈局設計、結構設計、運行設計、製造設計五個階段。其中，佈局設計、結構設計、運行設計為關鍵環節。灌裝輸送線是典型的定制設計產品，輸送線輸送單元用於連接各類單元設備以形成整條生產線，其中佈局設計是整個產品設計的重點。同時，在佈局設計時，不僅要考慮生產場地的約束，而且要綜合考慮整線的平衡以及產能目標，設計人員往往難以考慮周全，設計過程中存在反覆在所難免，有時甚至在現場安裝時還需要進行修改，從而延長了產品交貨期。研究開發面向灌裝輸送線的數字化設計與製造集成平臺，將有助於提高輸送線設計的正確性和效率。

如圖2.2所示，灌裝輸送線的設計流程為首先公司提出設計要求，根據生產車間的面積、基本形狀等提出方案要求，交由工程部對灌裝輸送線總體佈局圖進行設計，總體佈局圖包含了灌裝輸送線的輸送單元、緩衝區等內容。總體佈局圖確定以後，設計部對輸送線零部件進行詳細尺寸形狀設計。對於標準件、通用件、專用件等需要外購或外協的零部件，採購部進行外購或外協。製造部根據工程部的設計對自製零部件進行製造加工。灌裝輸送線BOM所需全部零部件和組成單元到位以後，由工程部進行安裝調試和試產評估。若試產評估通過，則對飲料灌裝輸送線交貨完成。若試產評審不通過，則進行相應的調整後直到試產評審通過交付灌裝輸送線為止。

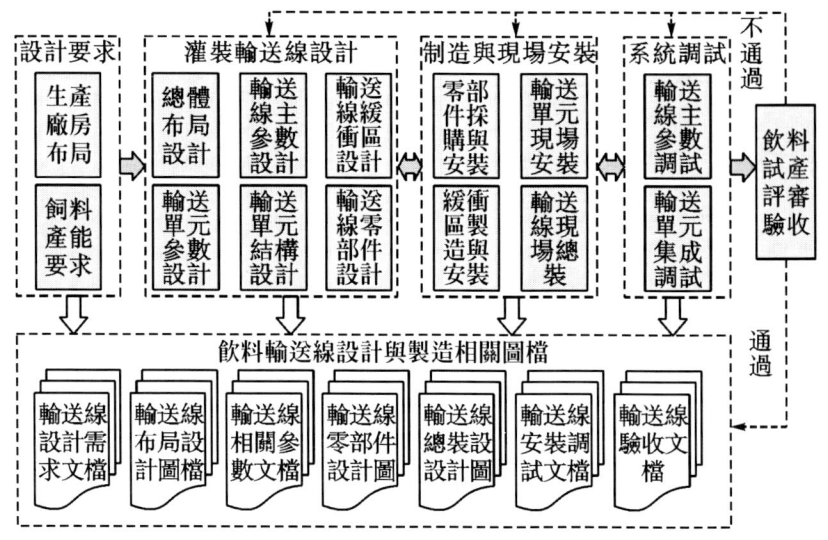

圖 2.2　飲料灌裝輸送線數字化設計流程

　　飲料灌裝輸送線設計的三個主要部分為佈局設計、結構設計和運行設計。

（1）佈局設計。主要根據生產車間的實際佈局和生產線的設計目標，設計飲料灌裝輸送線的總體佈局，佈局中包含各機器的選型和安裝位置，輸送線上單道、多道、彎道的數量及長度、寬度，緩衝段的位置、長度、寬度設計等。

（2）結構設計。主要根據輸送線的總體佈局，對輸送線進行按段分解，可以將灌裝輸送線分解為輸送單元、單元設備等。輸送單元根據形狀的不同可以分解為直道、彎道等，再將具體的灌裝輸送線單元分解為各個組成零部件，如直平行墊板、接水盤、支撐結構、夾緊裝置等。輸送線上的其他標準設備，如電機、傳感器、混比機、灌裝機、貼標機、套標機、輸箱機等。

（3）運行設計。即採用仿真的方法對輸送線裝配體的裝配仿真、整條輸送線運行狀況進行運行仿真，包括設備的選定、參數的設置、模擬調試及模擬運行結果的反饋分析等。

在輸送線設計的主要內容中，根據佈局設計對灌裝輸送進行整體規劃，然後根據規劃的情況對組成灌裝輸送線的零部件進行設計。裝配仿真是根據設計出的零部件進行虛擬裝配，提前發現零部件在設計過程中出現的問題。運行仿真是在整條灌裝輸送線進行虛擬運行，從而發現整條輸送線在運行中的各種問題，比如：堵瓶、倒瓶等問題。所以，在灌裝輸送線中零部件的結構設計是基礎，它支持灌裝輸送線的佈局設計、裝配仿真、運行仿真，圖 2.3 體現了各項設計內容之間的關係。本章主要對支持灌裝輸送線產品數字化設計的平臺進行研究，分析該平臺的功能需求、功能模塊、功能模型，設計該基礎平臺的體系結構，研究該系統平臺的關鍵技術。

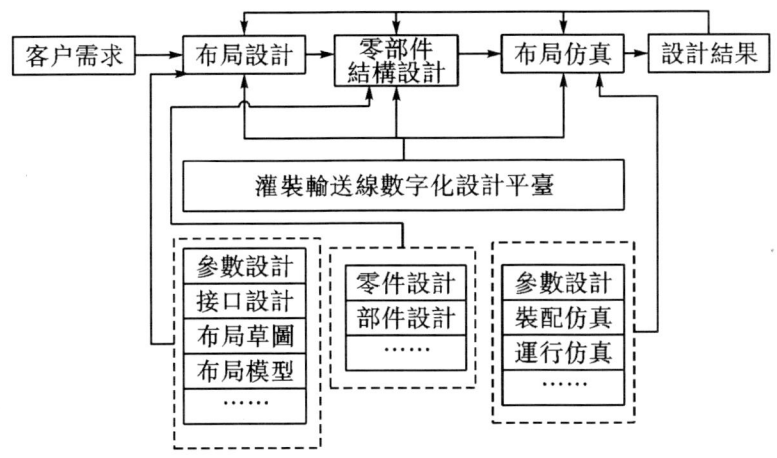

圖 2.3　灌裝輸送線數字化設計平臺各項設計內容關係圖

2.1.3　灌裝輸送線數字化設計的需求

為了實現食品飲料灌裝輸送線的佈局優化及零部件的合理化，灌裝輸送線數字化設計的主要需求為輸送線佈局設計、零部件設計以及輸送線運行設計。針對灌裝輸送線數字化設計的三項主要內容，需要分別對這三項設計內容的設計支持要素加

以分析。在佈局設計中，需要基礎庫的支持，具體包括標準件庫、通用件庫、專用件庫、模塊庫等。另外還需要設計工具和建模工具的支持。零部件設計包含零部件結構設計、製造設計和裝配設計等，零部件設計需要設計知識庫和變型工具的支持，以達到輸送線定制和可配置的效果。灌裝輸送線的運行分析需要對輸送線佈局設計得到的方案進行真實環境的模擬運行，以得到優化後的灌裝輸送線設計總體方案，需要對佈局方案進行參數設定，採用 Witness 仿真技術進行方案仿真優化，得到優化結果。

針對以上灌裝輸送線數字化設計的需求，灌裝輸送線數字化設計系統需要具備的功能有：

（1）基礎庫的建立。如零部件庫、輸送單元庫、設備庫等。

（2）數字化建模。如灌裝輸送線零部件建模、輸送線零部件模型管理等。

（3）數字化變型設計。如灌裝輸送線總體佈局設計、輸送線零部件變型設計等。

2.2　灌裝輸送線數字化設計平臺總體方案

根據以上的灌裝輸送線數字化設計需求，本書構建了灌裝輸送線數字化設計平臺。在對灌裝輸送線進行數字化設計製造的過程中，需要相應的平臺支持基礎庫功能、零部件建模功能、零部件變型設計功能、輸送線設計功能等功能的實現。將灌裝輸送線數字化設計製造所運用的所有功能集成到一個平臺中運行，需要對灌裝輸送線數字化設計製造集成平臺進行設計。集成平臺的設計是灌裝輸送線數字化設計製造的基礎，有了集成平臺的有效支撐，灌裝輸送線數字化設計製造的相應功

能才能得以實現。

對於集成平臺的設計，需要將集成平臺設計成開放的平臺，當企業有新的功能需求時，可以通過集成平臺將新的功能與原有功能集成，此外當企業的整體業務發生改變時，或企業的相關工作流程改變時，與集成平臺所對應的功能則需要發生變化。

2.2.1 平臺體系結構

集成平臺的功能模型需要體現集成平臺對數字化設計製造業務的支持，集成平臺需要包含的內容包括對灌裝輸送線組成零部件進行建模、零部件設計、數據管理等。集成平臺由灌裝輸送線對象模型、建模工具、設計工具、基礎 CAX/PDM 系統等組成。其中，建模工具支持灌裝輸送線及其零部件的對象模型和業務模型的建立，對象模型包含了輸送線模型及其零部件模型，業務模型包含了設計模型、組成模型、裝配模型等。設計人員首先根據輸送線產品的特點建立對象模型和業務模型，然後在 CAX 系統和設計工具的支持下，進行輸送線數字化設計，最終形成各種設計文檔，作為輸送線物理實現的依據。同時該平臺需要與 PDM、ERP 等管理類 CAX 系統進行集成，實現對設計文檔的管理與應用，從而支持灌裝輸送線數字化設計與製造的全過程。

集成平臺作為數字化設計製造的核心，充當著 Commander 的角色。所以系統設計時需要將平臺設計成開放的集成平臺，在平臺中主要的功能要能完全覆蓋企業的應用實際。根據灌裝輸送線設計製造的具體要求，集成平臺的主要體系結構如下：

圖 2.4 展示的是飲料灌裝輸送線數字化設計與製造集成平臺體系結構，平臺包含了建模工具，建模工具對設計對象、設計業務過程進行建模。通過利用相應建模工具對飲料灌裝輸送線、飲料灌裝輸送單元、飲料灌裝輸送線零部件、飲料灌裝輸

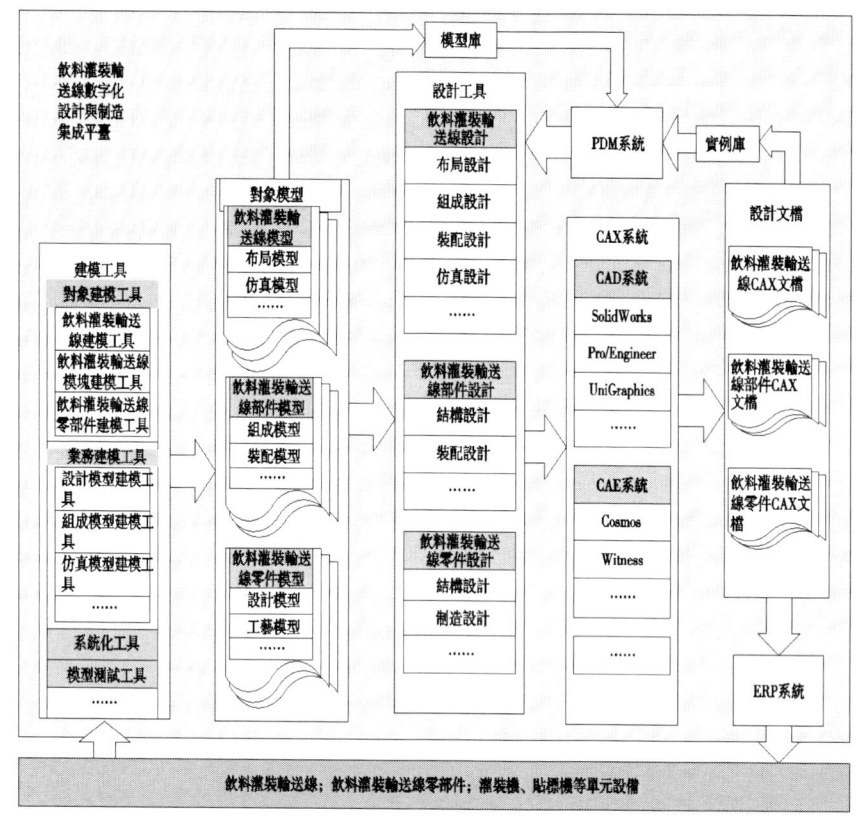

圖 2.4　飲料灌裝輸送線數字化設計與製造集成平臺體系結構

送線設計過程模型、飲料灌裝輸送線組成模型、飲料灌裝輸送線仿真模型進行建模以後，得到相應的具體模型，包括飲料灌裝輸送線佈局模型、仿真模型、部件模型、零件模型。部件模型包含組成模型、裝配模型，零件模型包括設計模型、工藝模型、測試模型、族模型等，這些模型均儲存於模型庫當中。之後，根據 ERP 和 PDM 系統導入的設計任務，利用設計工具選取模型庫中的相應模型進行設計，如佈局設計、組成設計、裝配設計、仿真設計、部件結構設計、部件裝配設計、零件結構設計、零件製造設計等。平臺利用第三方軟件供應商提供的 CAD 軟件，如 SolidWorks、Pro-E、Unigraphics 及 CAE 軟件

Cosmos、Witness 等實現上述操作。這其中相應的設計文檔為灌裝輸送線的數字化設計製造提供支持。

在灌裝輸送線數字化設計製造集成平臺中，對於灌裝輸送線及輸送線組成零部件數字化設計製造的主要功能有輸送線及輸送線組成零部件建模和輸送線及輸送線組成零部件變型設計兩大功能，平臺建模功能及變型設計功能如圖 2.5 所示。

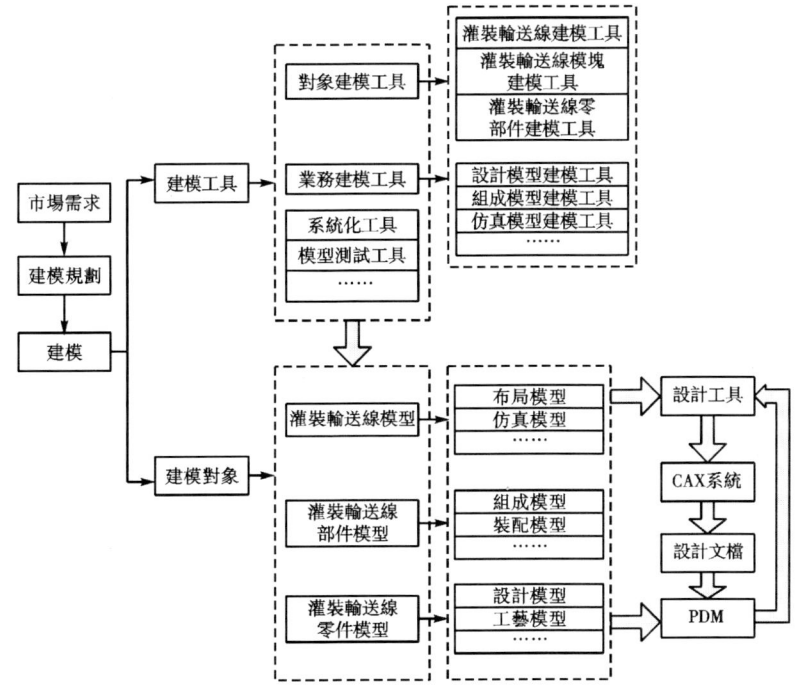

圖 2.5　灌裝輸送線設計製造集成平臺建模功能示意圖

2.2.2　平臺功能模型

對灌裝輸送線進行數字化設計需要重要功能的支撐，這些重要的功能支撐灌裝輸送線數字化設計製造的實現。根據灌裝輸送線的設計，支持灌裝輸送線設計的平臺應包括零部件庫、模型規劃功能、建模功能、設計功能、管理功能等功能模塊。灌裝輸送線數字化設計製造集成平臺的功能模型圖如圖 2.6 所

示。對平臺功能模型分別描述如下：

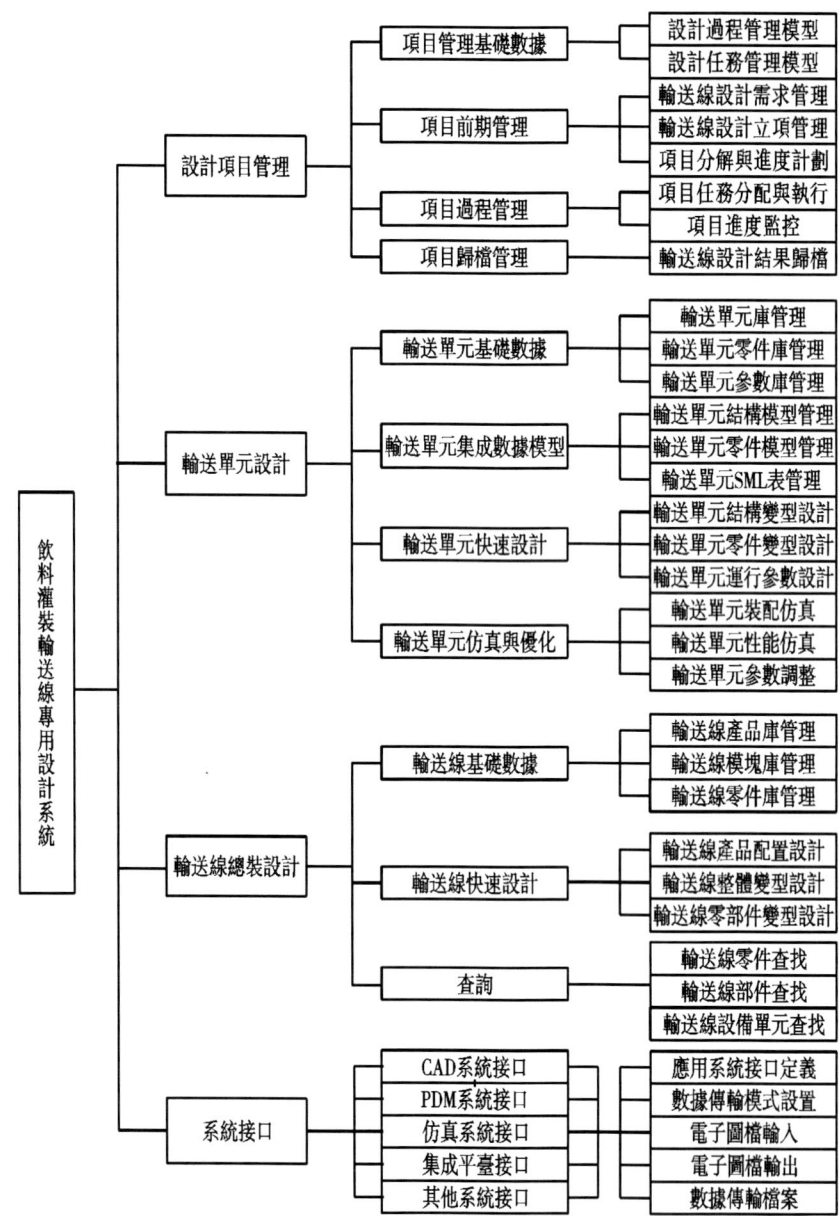

圖 2.6 灌裝輸送線數字化設計製造集成平臺功能模型

2.2.2.1 設計項目管理

設計項目管理模塊主要對飲料灌裝輸送線的快速設計提供支持，具體分為項目管理基礎數據、飲料灌裝輸送線設計項目前期管理、項目過程和項目歸檔管理等功能。

（1）項目管理基礎數據：對輸送線設計項目所需的基礎數據進行管理。

①設計過程管理模型：建立輸送線設計的過程模型。

②設計任務管理模型：建立輸送線各個設計任務的分配與管理模型。

（2）項目前期管理：對輸送線設計項目前期文檔進行管理。

①輸送線設計需求管理：管理輸送線設計的需求。

②輸送線設計立項管理：管理輸送線設計立項的相關文檔。

③項目分解與進度計劃：對輸送線設計項目進行分解和進度規劃。

（3）項目過程管理：對輸送線設計項目的過程提供管理。

①項目任務分配與執行：輸送線設計任務的分配和啓動。

②項目進度監控：對整個輸送線項目的執行進度進行監控。

（4）項目歸檔管理：對輸送線設計檔案進行管理。

①輸送線設計結果歸檔：將各種設計結果進行歸檔。

2.2.2.2 輸送單元設計

輸送單元設計模塊主要對輸送線中的各個輸送單元的快速設計提供支持，具體分為輸送單元基礎數據、輸送單元集成數據模型、輸送單元快速設計和輸送單元仿真與優化功能。

（1）輸送單元基礎數據：建立輸送單元的基礎數據。

①輸送單元庫管理：建立輸送線的主要輸送單元庫。

②輸送單元零件庫管理：建立輸送單元的零件庫。

③輸送單元參數庫管理：建立輸送單元的相關參數庫。

（2）輸送單元集成數據模型：建立輸送單元設計的模型。

①輸送單元結構模型管理：建立輸送單元結構模型。

②輸送單元零件模型管理：管理輸送單元零件的參數化模型。

③輸送單元 SML 表管理：對輸送單元的 SML 進行管理。

（3）輸送單元快速設計：支持輸送單元的快速設計。

①輸送單元結構變型設計：基於 SML 的輸送單元結構的變型。

②輸送單元零件變型設計：基於 SML 的輸送單元零件的變型。

③輸送單元運行參數設計：輸送單元的運行參數設置。

（4）輸送單元仿真與優化：對輸送單元運行進行模擬仿真和優化設計。

①輸送單元裝配仿真：對輸送單元的裝配進行模擬仿真。

②輸送單元性能仿真：對輸送單元的運行性能進行仿真。

③輸送單元參數調整：通過仿真對輸送單元的參數進行調整。

2.2.2.3 輸送線總裝設計

輸送線總裝設計模塊主要對輸送線整體的快速設計提供支持，具體分為輸送線基礎數據、輸送線快速設計、查詢功能。

（1）輸送線基礎數據

①輸送線產品庫管理：管理現有輸送線產品的檔案庫。

②輸送線模塊庫管理：管理輸送線模塊庫。

③輸送線零件庫管理：管理輸送線其他零件庫。

（2）輸送線快速設計

①輸送線產品配置設計：輸送線整線的配置設計。

②輸送線整體變型設計：輸送線的整線變型設計。

③輸送線零部件變型設計：對輸送線的零部件提供變型

設計。

（3）查詢

①輸送線零件查找：在平臺零件庫中查找零件。

②輸送線部件查找：在平臺部件庫中查找部件。

③輸送線設備單元查找：在平臺設備庫中查找設備單元。

2.2.2.4　系統接口

系統接口模塊主要為飲料灌裝輸送線專用設計系統與其他信息系統之間的集成而設置，擬建立的系統接口包括 CAD 系統接口、PDM 系統接口、仿真系統接口、集成平臺接口和其他系統接口。具體包括應用系統接口定義、數據傳輸模式設置、電子圖檔輸入、電子圖檔輸出、數據傳輸檔案等功能。

2.2.3　平臺基礎庫和支持工具

灌裝輸送線設計所涉及的零部件種類多、數量大，一條灌裝輸送線往往由上萬個零部件組成，在設計灌裝輸送線數字化設計平臺時，需要對零部件進行管理，因此需要建立平臺零部件庫。此外，平臺還需要設備庫、輸送單元庫對灌裝輸送線佈局設計的支持。整個平臺的運行還需要相關軟件環境的支撐。

2.2.3.1　平臺基礎庫

（1）灌裝輸送線零部件庫

灌裝輸送線組成零部件種類繁多，功能不一，為零部件的分類增添了難度，也對灌裝輸送線零部件庫的建立帶來了障礙。在建立零部件庫的時候我們按照輸送線組成零件的外部形狀進行分類，對輸送線組成部件按照功能進行分類。灌裝輸送線的零件按照形狀分主要可分為軸類、板類、通用件等，部件按功能分可分為支撐類、夾緊類等，如圖 2.7 所示。

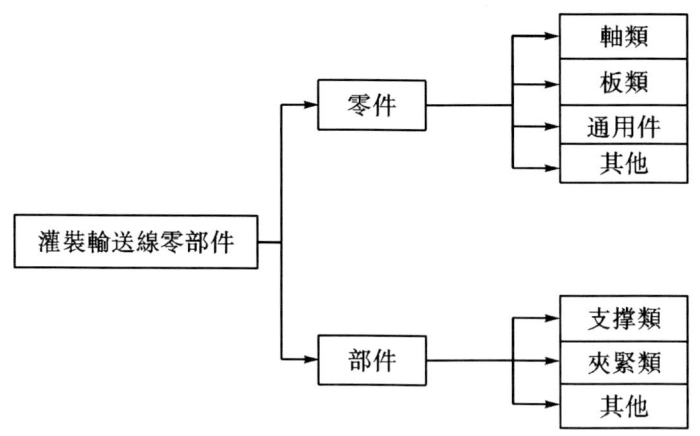

圖 2.7　灌裝輸送線零部件的分類

按照此分類方法我們對零部件庫建立一級子目錄，即軸類零件、板類零件、通用件、其他零件、支撐類部件、夾緊類部件、其他部件。對於不同類型的零件類和部件類，再按照零件類具有特定功能的零件建立零部件庫中的零件二級子目錄，以及按照部件在輸送線中的使用位置建立零部件庫中的部件二級子目錄，使工程設計人員可以按照標準的分類方法對設計知識資源進行方便的查找、運用和更新。

灌裝輸送線零部件庫軸類零件二級子目錄主要包含托滾軸、軸類撐檔、墊圈、定位套、主動軸、護欄調節軸、被動軸等。板類零件主要有左側板、右側板、側板、板類撐檔、扁鋼、平行墊板等。通用件主要有接水盤、落水口、導軌等。其他零件主要有水槽吊架組成零件、旋緊頭等。如圖 2.8 所示：

在灌裝輸送線零部件庫部件二級子目錄中，灌裝輸送線組成部件按功能分主要有護欄支架、水槽吊架、十字接頭、通用撐檔、支撐體等，如圖 2.9 所示。每一特定功能的部件功能樹下可以存放形狀各異，功能相似的部件，為部件的設計重用提供支持。

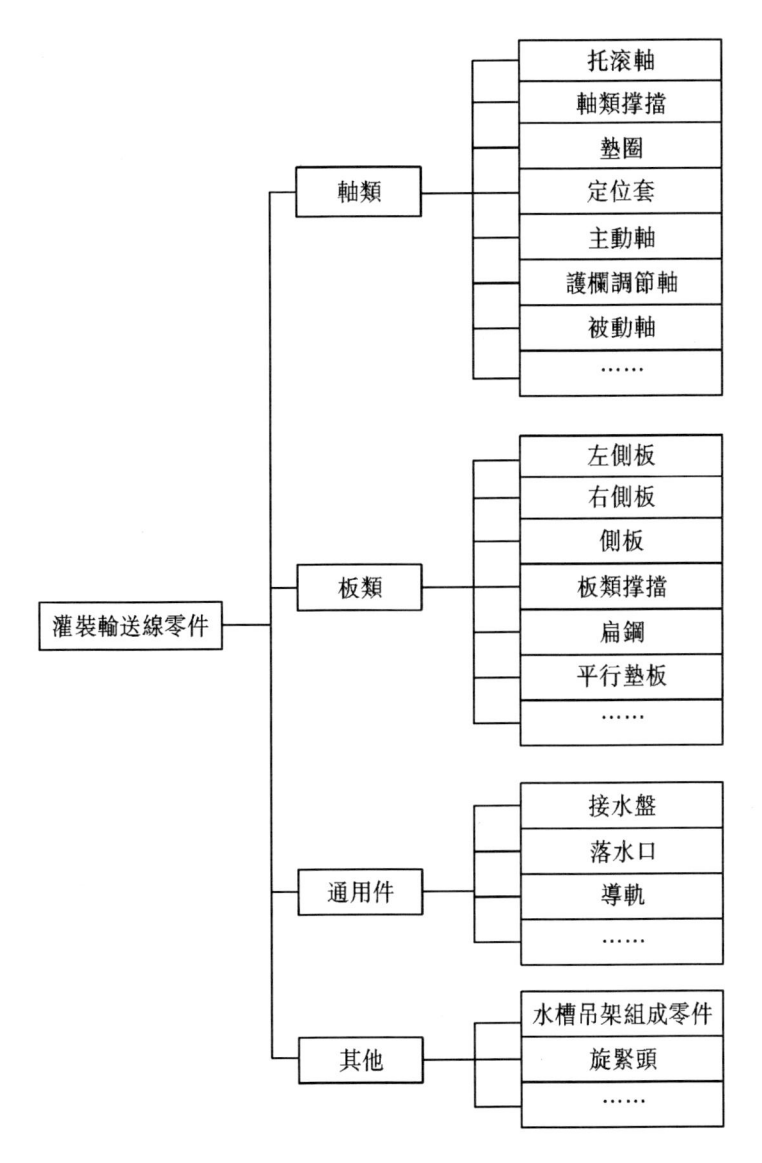

```
                        ┌── 托滾軸
                        ├── 軸類撐擋
                        ├── 墊圈
                   軸類 ─┼── 定位套
                        ├── 主動軸
                        ├── 護欄調節軸
                        ├── 被動軸
                        └── ……

                        ┌── 左側板
                        ├── 右側板
                        ├── 側板
灌裝輸送線零件 ─┬─ 板類 ─┼── 板類撐擋
                        ├── 扁鋼
                        ├── 平行墊板
                        └── ……

                        ┌── 接水盤
                   通用件┼── 落水口
                        ├── 導軌
                        └── ……

                        ┌── 水槽吊架組成零件
                   其他 ─┼── 旋緊頭
                        └── ……
```

圖 2.8　灌裝輸送線零件的分類

　　灌裝輸送線零部件庫還具有查詢和查找功能，在工程設計人員不方便按分類方法尋找模型庫中模型的時候，設計人員可以用關鍵詞描述對零部件庫中的零件或部件模型進行查找利用。此外，對灌裝輸送線零部件庫中各類零件和部件建立相應

图 2.9 灌装输送线部件的分类

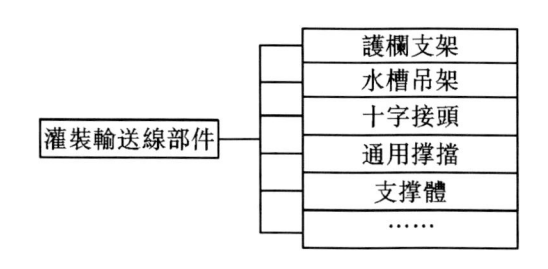

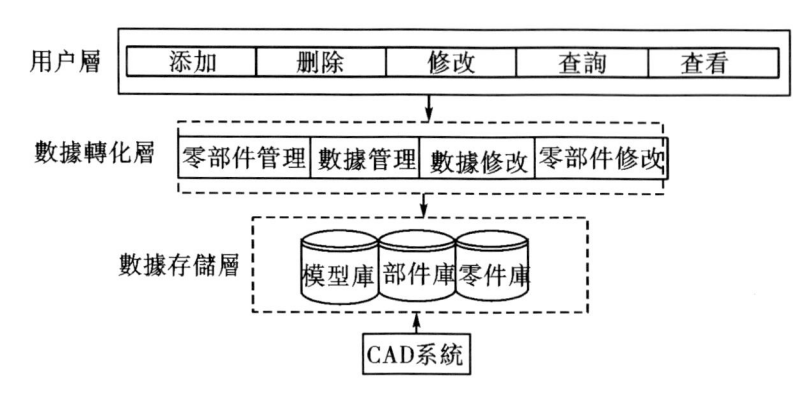

的信息模型，对零件和部件进行参数化描述。信息模型主要由名称、型号、尺寸、性能、结构、接口参数等组成，工程设计人员在利用输送线零部件库时可以通过组合方式查询所需要的零件或部件组，为灌装输送线设计知识重用提供便利。零部件库的功能体系图如图 2.10 所示。

图 2.10 零部件库功能体系图

（2）灌装输送线设备库

灌装输送线的组成包括了组成零部件，灌装机、冷却机等设备，以及输送单元。灌装输送线中设备是重要的组成部分，设备的形状、性能、大小、产能、技术指标等决定了整条生产线的柔性和可重构能力。在对整条输送线进行运行仿真时，往往需要对主要设备参数进行调节测试，以达到输送线的最佳生产性能。提高输送线平均无故障时间，降低运行费用，减少维修成本。构建不同参数、性能、规格、尺寸的输送线设备库能

大大提高輸送線運行仿真的效率和效果。

在構建灌裝輸送線設備庫時，以某企業集團現有的 300 多條輸送線為基礎，建立灌裝輸送線數字化設計設備庫，建立設備通用信息模型，利用模型庫通用管理功能中的搜索和查找功能，查找所需要的設備，並根據設計需求對設備模型進行修改和更新，一方面充實設備庫的內容，另一方面提高設備庫的利用效率，加強設備庫對灌裝輸送線佈局設計的支持力度。

如圖 2.11 所示，灌裝輸送線設備主要有灌裝機、冷卻機、套標機、風干機等。在建立灌裝輸送線數字化設計設備庫時，按照主要設備進行分類管理，如適用不同裝箱量的灌裝機，冷卻速率不同的冷卻機，可對不同包裝形狀進行打包的打包機等。

灌裝輸送線數字化設計設備庫為灌裝輸送線實現快速建模與仿真，提供了資源庫。在對灌裝輸送線進行模擬仿真運行調試的時候，採用面向對象的方法從設備庫中調用現有元器件模型，並對其進行參數配置，設計好設備接口後對灌裝輸送線進行仿真運行。

（3）灌裝輸送線輸送單元庫

灌裝輸送線的另一個重要組成部分是輸送單元。按照輸送單元特點在平臺上建立輸送單元庫，可為輸送線佈局設計選用輸送單元提供支持。輸送單元可分為一道彎道 R950、一道彎道 R450、一道彎道 R1050；四道彎道 R454；一道直道 2440、一道直道 1800、一道直道 1440；四道直道 2440、四道直道 2000、四道直道 1800、四道直道 1200、四道直道 1000、四道直道 600、四道直道 500；一道加動力（實際為兩道）1970；四道加動力（實際為八道）2570；一道分道（實際為三道）1200；四道分道（實際為 12 道）2570；一道變四道加動力（實際為 8 道）3555；無壓力輸送架（四道變一道實際可能為 10 道 12 道 13 道 14 道或者更多）等。每一輸送單元都是由某

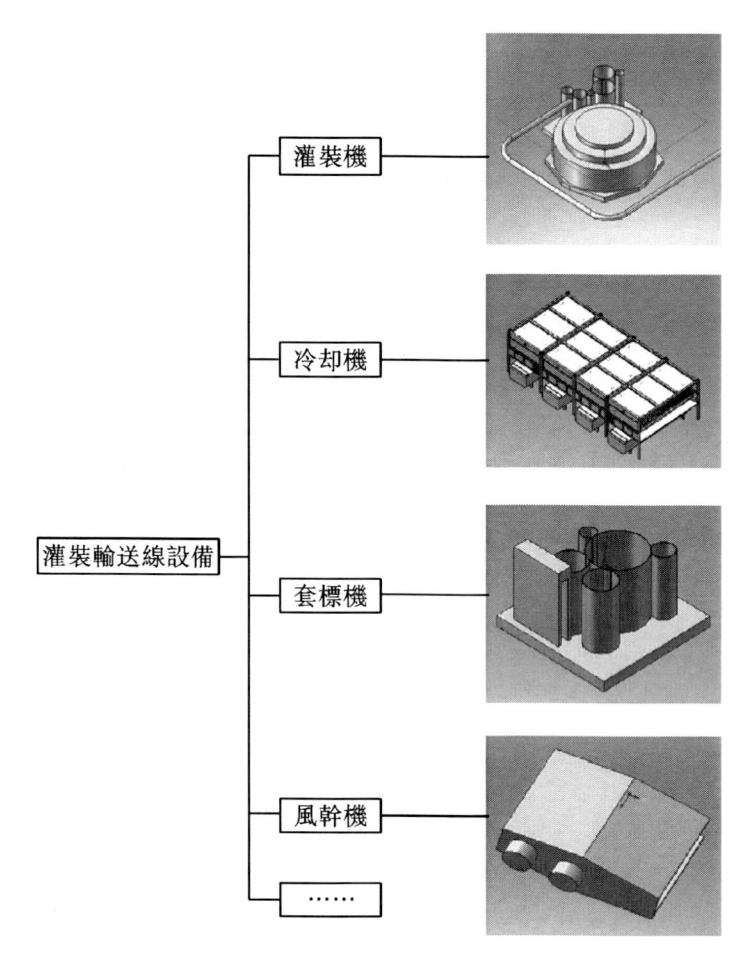

圖 2.11　灌裝輸送線主要設備

一輸送單元變型而來。如圖 2.12 為灌裝輸送線的輸送單元分類圖。

　　對於灌裝輸送線輸送單元分類，可按照輸送單元的道數、輸送單元道的類型、是否有動力等進行一級子目錄的劃分，再根據輸送單元的長度進行進一步劃分，以實現輸送單元的自由選用。以圖 2.12 中四道直道進行說明，可以將四道直道分為四道直道 2440、四道直道 2000、四道直道 1800、四道直道 1200、四道直道 1000、四道直道 600、四道直道 500 等。而除

```
                                   ┌─── 一道彎道R1050
                  ┌── 一道彎道 ────┼─── 一道彎道R950
                  │                └─── 一道彎道R450
                  │
                  ├── 四道彎道 ─────── 四道彎道R454
                  │
                  │                 ┌─── 一道直道2440
                  ├── 一道直道 ────┼─── 一道直道1800
                  │                 └─── 一道直道1440
                  │
                  │                 ┌─── 四道直道2440
                  │                 ├─── 四道直道2000
                  │                 ├─── 四道直道1800
                  ├── 四道直道 ────┼─── 四道直道1200
                  │                 ├─── 四道直道1000
                  │                 ├─── 四道直道600
                  │                 └─── 四道直道500
灌裝輸送線輸送單元─┤
                  ├── 一道加動力(實際兩道) ─── 一道加動力1970
                  │
                  ├── 四道加動力(實際八道) ─── 四道加動力2570
                  │
                  ├── 一道分道(實際三道) ───── 一道分道1200
                  │
                  ├── 四道分道(實際12道) ───── 四道分道2570
                  │
                  ├── 一道變四道加動力(實際8道) ─── 一道變四道加動力3555
                  │
                  └── 無壓力輸送架
```

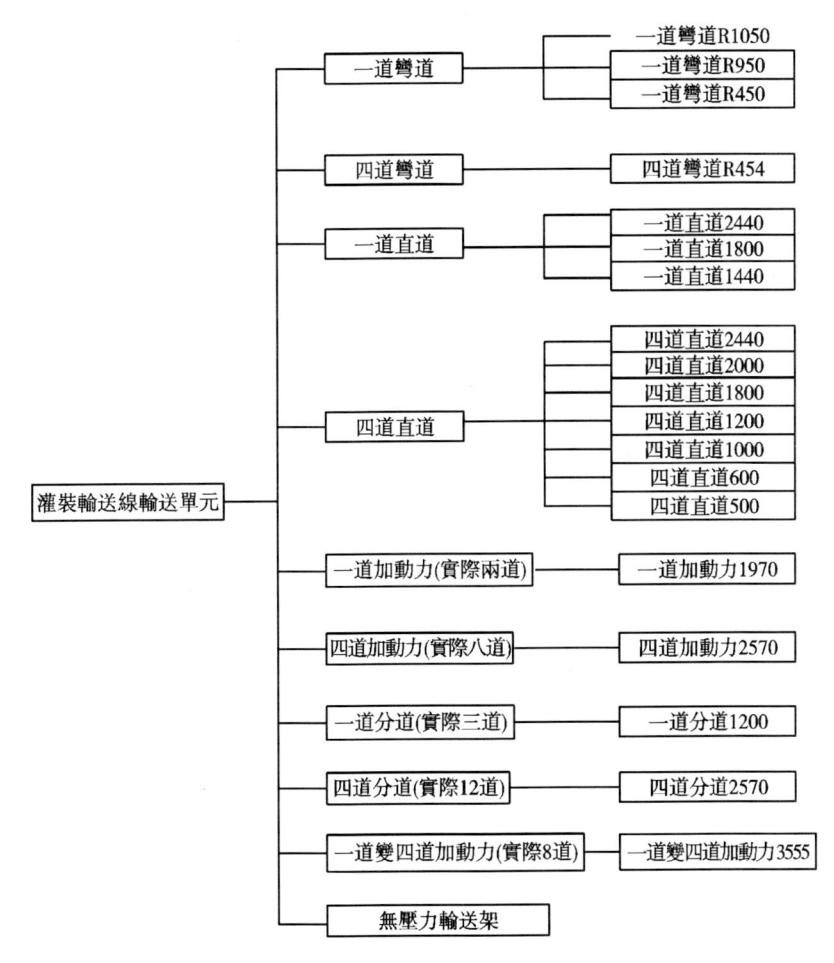

圖 2.12　灌裝輸送線輸送單元分類圖

了對輸送單元長度的選用以外，還需要對輸送線單元組成零部件進行設計，以滿足輸送線傳送速度、承載能力、輸送線剛度、輸送線強度等性能指標。

2.2.3.2　灌裝輸送線設計的支持工具

（1）建模工具

灌裝輸送線數字化設計需要灌裝輸送線零部件模型庫、灌裝輸送線單元模型庫、灌裝輸送線設備模型庫的支持。要形成這些模型庫就必須有建模工具的支持，利用建模工具對灌裝輸

送線零部件、輸送單元、設備單元進行建模。

（2）變型工具

灌裝輸送線零部件模型庫、輸送單元模型庫、設備模型庫建立後，為了快速滿足客戶要求，需要利用變型工具對所建模型進行變型，從而形成支持灌裝輸送線數字化設計的零部件實例庫、輸送單元實例庫以及灌裝輸送線設備實例庫。

（3）系列化工具

建模工具對灌裝輸送線零部件、輸送線單元、輸送設備進行建模，變型工具則是根據事物特性表原理對所建模型建立一系列的幾何形狀相似的輸送零部件實例、輸送單元實例和輸送設備實例。而對這一系列幾何形狀相似，功能、結構相同的實例則需要系列化工具進行管理。

2.3 灌裝輸送線數字化設計平臺關鍵技術

2.3.1 灌裝輸送線產品族模型建模技術

族模型建模作為飲料灌裝輸送線實現高效快速設計的方法，需要通過對輸送線零部件形狀和參數分析，得出零件族的共性特徵，建立零件或部件族模型。

族模型建模是將族模型及其屬性轉化為計算機內部數字化信息表達的原理和方法，即族模型建模是定義模型在計算機內部表示的工具。其意義在於將產品及其相關信息以計算機內部能夠識別、處理、存儲和管理的數字化方法表示出來，也就是在計算機內部建立描述、存儲和表達產品的數據模型。模型的形成過程如圖 2.13 所示，對企業產品概念化表達以後得到概念模型，將概念模型參數化表達後得到信息模型，將信息模型數字化後得到數字模型。

图 2.13　模型形成过程

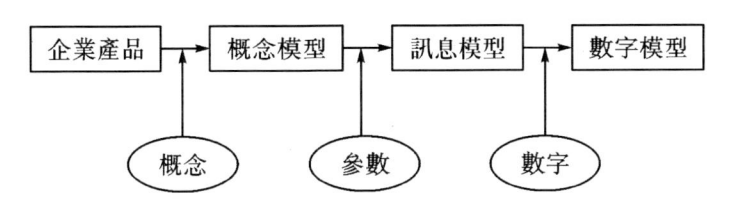

图 2.14 所示的是灌装输送线组成零件直平行垫板的族模型形成过程。直平行垫板产品族经过语义概念化以后得到概念模型，然后将概念模型进行参数化，得到产品族的信息模型，之后利用数字化技术得到产品族模型。概念模型是对产品族进行语义化描述，信息模型是对产品族进行数据化描述，信息模型通过数字化以后得到的产品族模型。

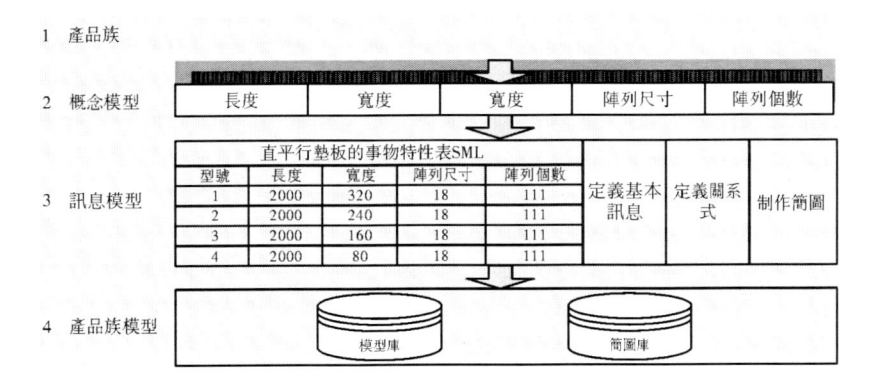

图 2.14　族模型形成过程的实例

2.3.2　面向灌装输送线产品设计过程的零部件协同变型技术

在灌装输送线产品设计过程中，零部件结构设计的结果用于支持输送线布局设计，布局设计时往往需要对输送线零部件尺寸、性能参数等进行调整。这就需要输送线零部件结构设计快速回应布局设计的需求。如何针对灌装输送线设计这一特点进行设计，本书研究了面向输送线设计业务过程的协同变型技

31

術。即針對佈局的改變帶來的零部件結構的改變，通過零部件幾何尺寸與輸送線佈局同時改變的辦法，建立零部件與輸送線的約束表達，通過改變零部件的幾何特性來同時驅動零件部件及輸送線的協同變型。

2.3.3 灌裝輸送線零部件設計系列化技術

產品系列化設計是一種重要的設計方法，也是產品結構合理化的重要手段。系列化一般是指產品根據生產和使用的技術要求，經過技術經濟分析適當地加以歸納和簡化，將產品的主要參數和性能指標按一定規律進行分類，合理地安排產品的品種、規格以形成系列[42]。

系列化的承載對象是事務特性表（SML），利用基於 SML 的產品變型設計技術，建立面向灌裝輸送線零部件的事物特性表，並對同一類型零部件建立系列事物特性表，實現產品系列化。一條完整的灌裝輸送線由數十種近萬個零件組成，根據現代產品設計方法學，對灌裝輸送線零部件進行系列化分析，形成諸如直道、彎道、單道、多道等系列化零件或部件，並利用平臺開發的管理工具對零部件進行系列化管理。

2.4 本章小結

本章對灌裝輸送線數字化設計過程進行了分析，針對灌裝輸送線數字化設計需求，設計了灌裝輸送線數字化設計平臺的功能和體系結構，對平臺功能和體系結構進行了詳細闡述，基於灌裝輸送線的設計需求，設計平臺集成了零部件庫、設備庫和輸送單元庫等基礎庫的功能。描述了集成平臺中的關鍵技術，包括灌裝輸送線產品族模型建模技術、輸送線零部件協同變型技術和零部件系列化技術。

第三章

灌裝輸送線產品集成化建模工具

【摘要】本章對灌裝輸送線產品集成化建模方法進行了研究，分析了灌裝輸送線設計所需建立的各種模型，如零部件模型、輸送單元模型、設備模型。對灌裝輸送線零件建模工具、部件建模工具、系列化工具進行了設計，通過分析灌裝輸送線組成零部件的特點，開發了適用於灌裝輸送線零部件建模及系列化設計的原型系統。

3.1 灌裝輸送線零部件模型與系列化概述

產品建模技術在實現產品快速開發、並行設計、協同設計等過程中發揮了重要作用，為企業快速回應市場需求，實現產品快速重組和重構提供了良好的技術支持。隨著產品結構複雜化和PDM產品數據管理技術的深入應用，傳統的基於幾何和基於特徵的產品建模技術已不適應面向產品全生命週期（PLM）的產品數據管理。集成化產品建模及模型管理已成為產品建模的主流，且集成化程度越來越高，集成化產品建模朝著面向產品全生命週期的集成和多學科設計優化的集成方向發展。

針對集成對象和集成信息的不同，國內外研究人員提出了不同的產品集成化研究方法。Chin 等[43]提出了一個基於 STEP 的多視圖集成產品模型，Martino 等[44]建立了基於特徵建模方法的零件模型統一多視圖表示方法，嚴雋琪等[45]提出了全息產品模型，林蘭芬等[7]對產品 CAD 模型、CAPP 模型、預裝配模型、結構仿真模型集成做了研究，樓軼超等[26]利用語義驅動實現了產品集成化建模。

3.1.1　灌裝輸送線零部件模型、輸送單元模型及設備模型

灌裝輸送線的組成如圖 2.1 所示，灌裝輸送線主要包括了混比機、輸瓶機、灌裝機、冷卻機、套標機、分瓶機、包裝機、輸瓶機、封箱機及不同規格的灌裝輸送線輸送單元。在進行灌裝輸送線產品設計時，需要建立支持輸送線佈局設計的佈局模型，根據佈局模型的構成還需要建立設備模型、輸送單元模型以及零部件模型。設備模型用於佈局設計，設備具有特定的參數和規格，一般由供應商提供。輸送單元決定了輸送線的輸送類型、運輸能力、承載重量等，是決定灌裝輸送線性能好壞的關鍵組成部分，在對灌裝輸送線進行設計時重點是設計輸送單元，通過對輸送單元進行模塊化設計後，將輸送單元與設備拼接後即組成一條完整的灌裝輸送線。輸送單元的組成零部件往往包含了不同種類和特徵的零部件，在對輸送單元進行設計時首先需要對輸送線零部件進行建模。

圖 3.1 是輸送單元通用單道的 BOM 表結構，該輸送單元包括了支撐部分、兩側部分、接水盤部分和輸送鏈部分。其中支撐部分的構成零部件有撐杆、關節調節角、聯合三通架、側邊鎖頭。撐杆支撐著灌裝輸送線上的承載物。關節調節角對輸送線的高度、坡度及轉角進行調節，以適應多向及多角度的傳輸。聯合三通架實現輸送線一分二或一分多的物流運輸。側邊

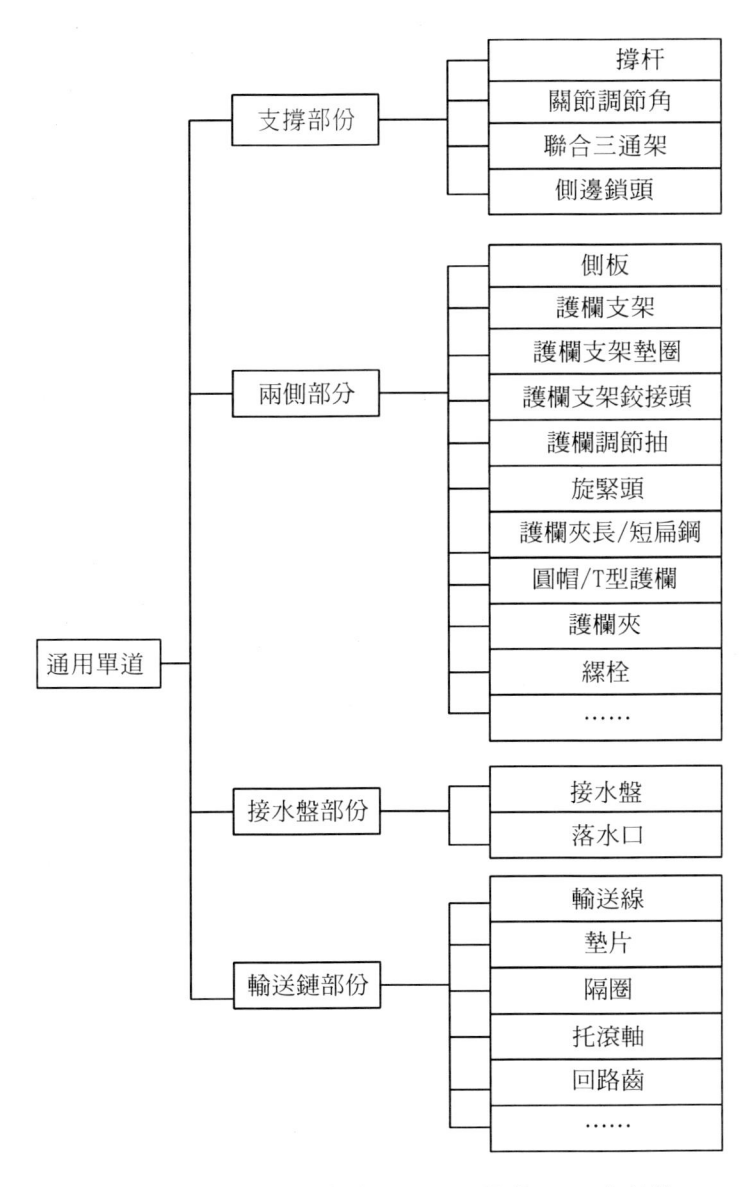

```
                                ┌─ 撐杆
              ┌─ 支撐部份 ──────┼─ 關節調節角
              │                 ├─ 聯合三通架
              │                 └─ 側邊鎖頭
              │
              │                 ┌─ 側板
              │                 ├─ 護欄支架
              │                 ├─ 護欄支架墊圈
              │                 ├─ 護欄支架鉸接頭
              │                 ├─ 護欄調節抽
              ├─ 兩側部分 ──────┼─ 旋緊頭
  通用單道 ──┤                 ├─ 護欄夾長/短扁鋼
              │                 ├─ 圓帽/T型護欄
              │                 ├─ 護欄夾
              │                 ├─ 縲栓
              │                 └─ ……
              │
              ├─ 接水盤部份 ────┬─ 接水盤
              │                 └─ 落水口
              │
              │                 ┌─ 輸送線
              │                 ├─ 墊片
              └─ 輸送鏈部份 ────┼─ 隔圈
                                ├─ 托滾軸
                                ├─ 回路齒
                                └─ ……
```

图 3.1　灌裝輸送線輸送單元通用單道 BOM 表結構

鎖頭對輸送線進行固定，起穩定輸送線的作用。通用單道側欄部分的側板和護欄支架等部件對通用單道上貨物傳遞起限製作用。輸送鏈對輸送線施加傳動力，起傳動作用。通用單道其餘組成部分也由不同零部件組成。

35

輸送單元每一部分的組成零件種類可分為標準件、通用件和專用件三類。對於標準件和通用件，設計時可直接在零部件庫中選用。對於專用件則需根據設計要求進行尺寸、強度、剛度等性能計算，得出設計結果，進行參數配置，以滿足設計要求。

3.1.2 輸送線零部件主模型與信息模型

在對灌裝輸送線輸送單元組成零部件進行集成化建模時，首先需要對零件和部件建立主模型[46]，將零部件靜態特性信息中的核心信息和應用公共信息封裝在主模型中，再根據零件和部件的不同應用環境分別建立相應的應用模型，如設計模型、工藝模型、測試模型、質量模型等。如圖3.2所示，集成化產品模型中，零件主模型是對零件的基本尺寸信息和公用信息進行參數化和形式化表達，對主模型添加精度等信息後衍生出設計模型，對主模型添加工藝文檔後得到工藝模型，再根據產品測試和產品質量控制所需信息添加具體建模信息後得到測試模型和質量模型等。

組成產品主模型的要素包括產品幾何模型和事物特性表（SML）[47]，主模型的主要特徵參數儲存於事物特性表中。此外，為了實現對於零件模型的有效管理還需建立零件的信息模型，信息模型包含了模型的基本信息，如名稱、編碼、模型名稱、模型編碼、建模人員、材料等，我們將與主模型相關信息模型稱為主文檔[46]。主模型衍生出應用模型的同時可由主文檔衍生出擴展文檔，主模型和主文檔共同構成了產品的集成化模型。

3.1.3 面向灌裝輸送線零部件設計的系列化

根據零部件相似性原理，可知由零件族基準模型可以派生出系列化模型。因此，在對具有相似特徵的零件和部件進行建

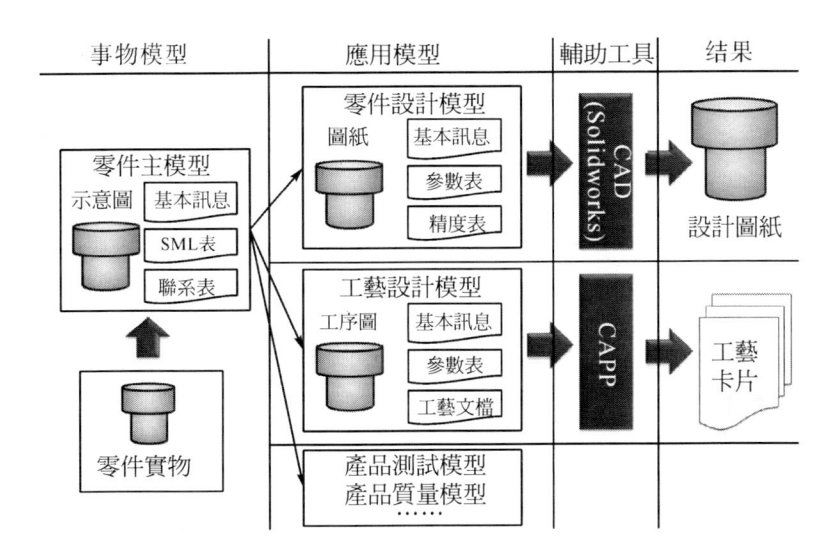

図 3.2　集成化產品建模示意圖

模時，採取系列化建模方法，建立零件族基準模型和系列化事物特性表（SML），以減少設計建模的工作量。

　　此外，由灌裝輸送線的構成可知，在灌裝輸送線中各種設備選型已經確定的情況下，唯一可以對輸送線進行調節配置的就是輸送單元。輸送單元可分為單道、多道、直道、彎道等類型，其主要特徵是由多個相同或相似的輸送段組成，形成一定規格的尺寸，對於輸送單元的設計，我們採用系列化的方法。在對輸送單元進行系列化設計時，將所有特徵參數變量化，可以極大地提高設計效率，實現單道與多道、多道與彎道之間的相互轉化與變型設計。降低零部件庫存數量，減少零部件庫存資源，更好地支持為輸送線佈局設計與仿真。

3.2 灌裝輸送線零件建模工具

產品建模常用的方法有面向對象和基於特徵建模的方法，對於灌裝輸送線零件建模，本書採用基於事物特性表（SML）的方法進行建模，利用事物特性表儲存輸送線零件的各種特徵參數，通過 SML 參數驅動零件模型的建立。利用 VC++對 SolidWorks 提供的 API 接口進行二次開發，實現基於 SML 的參數化建模。

3.2.1 基於事物特性表的產品建模原理和過程分析

3.2.1.1 建模原理

事物特性表（德文：Sach‐Merkleisten，英文：Tabular Layouts of Article Characteristics）定義了從對象組中表徵和區分某個對象的決定性特性，規定了特性數據的表示格式，使零部件的特性數據能夠方便地在不同的系統之間交換。

事物特性表技術於 1948 年起源於德國。德國於 1981 年頒發了工業標準 DIN4000/1-81《事物特性表定義和原理》。中國也等效採用了 DIN4000 標準，公布了 GB/T10091.1-95《事物特性表 定義和原理》國家標準[47]。

基於事物特性表的產品建模原理為，構造產品幾何模型和事物特性表，並將產品幾何模型主要尺寸和約束關係儲存於事物特性表中，通過改變事物特性表中主參數數值及數值間幾何約束關係來實現建模。其原理如圖 3.3 所示，將不同產品模型的特徵值儲存於 SML 表中，通過參數驅動來實現建模。

SML 表

ID	AAA	AAB	AAC	FAA
30001	1445.95	286.99	228.5	30121
30002	1545.80	316.89	267.5	30122
30003	1545.80	316.89	267.5	30122

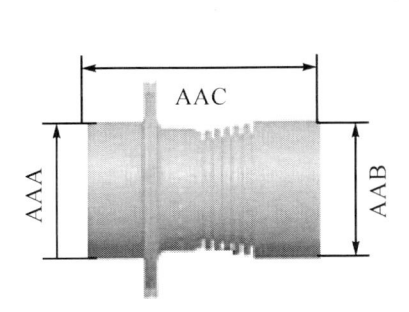

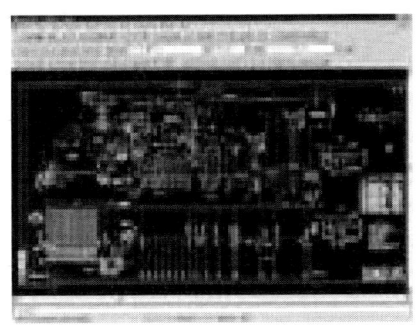

圖 3.3　基於 SML 的產品建模原理

3.2.1.2　建模過程分析

基於 SML 的集成化產品建模過程包括零件幾何形狀分析、零件參數分析、建立零件主模型、建立零件主文檔、建立產品主結構等。

(1) 零件幾何形狀分析

零件幾何形狀分析的目的是減少零件種類，在此基礎上可以建立零件的主模型和主文檔。

(2) 零件參數分析

進行零部件參數分析時，首先應該對參數的類型進行分類，確定該參數是否是工藝參數，如倒角、圓角和撥模斜度等；其次確認該參數是可變參數還是不變參數，並根據設計中的約束限制，進一步找出可變參數中可以不變的參數，將其歸並到不變參數中。

（3）建立零部件主模型

零部件的幾何模型與相應的事物特性表相結合，就組成了零部件的主模型。經過不同方式的處理就可以形成不同形式的主文檔，如主圖、主工藝過程規劃和主 NC 程序等。

（4）建立零部件主文檔

與零部件主模型相對應的信息模型稱為主文檔，根據主文檔可以派生出不同類型的文檔。

3.2.2 零件建模工具的設計

3.2.2.1 灌裝輸送線零件建模總體流程

灌裝輸送線零件建模流程為：根據輸送線零件設計任務在零部件模型庫中查找已有的輸送線零件設計模型，如果查找到符合設計要求的模型則完成建模或通過修改相似零件模型完成建模，交付設計任務。如果沒有找到相應的輸送線零件模型，則根據設計任務要求建立輸送線零件模型，完成模型建立。如圖 3.4 所示。

零件建模是建立零件變型設計的基礎模型，在模型規劃中選擇所需建立的零件模型，用戶可以通過已有零件模型選擇自己所需的模型，通過修改已有模型變成所需模型；選擇已有的相似零件實例，通過修改零件實例完成所需模型或是自己創建一個全新的模型，通過定義模型的基本信息，定義零件的可變參數和相關關係式等步驟，完成零件模型的建立。建立後對零件模型進行變型測試，如測試通過，則提交零件模型，否則對零件模型進行修改，直到測試通過。

零件建模的數據表關係圖如圖 3.5 所示。主要包括零件主表、零件簡圖表、零件分類表、零件模型信息表、零件事物特性表、零件文檔表、零件文檔參數表。

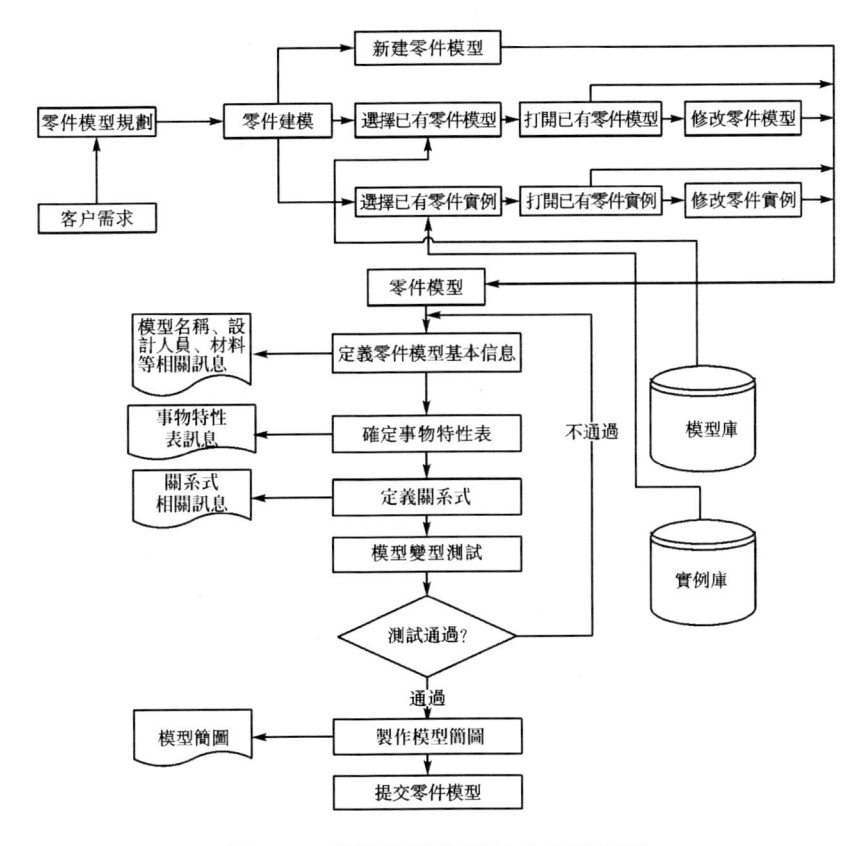

圖 3.4　灌裝輸送線零件建模流程圖

3.2.2.2　灌裝輸送線零件建模功能模型及其分解

根據以上零件族建模的流程分析，零件族建模主要包括零件族分類管理、定義零件族基本信息、定義零件族的事物特性表、定義關係式、零件族模型變型測試、製作零件簡圖、提交模型。圖 3.6 為零件建模功能模型圖。

(1) 零件族分類管理

零件族分類管理是對灌裝輸送線零件進行分類，建立灌裝輸送線分類管理目錄。分類管理功能包括新建分類、修改分類、刪除分類。

零件分類管理圖如圖 3.7 所示，根據零件的幾何形狀、功能特性等對零件族進行分類，灌裝輸送線的零件按形狀主要分

41

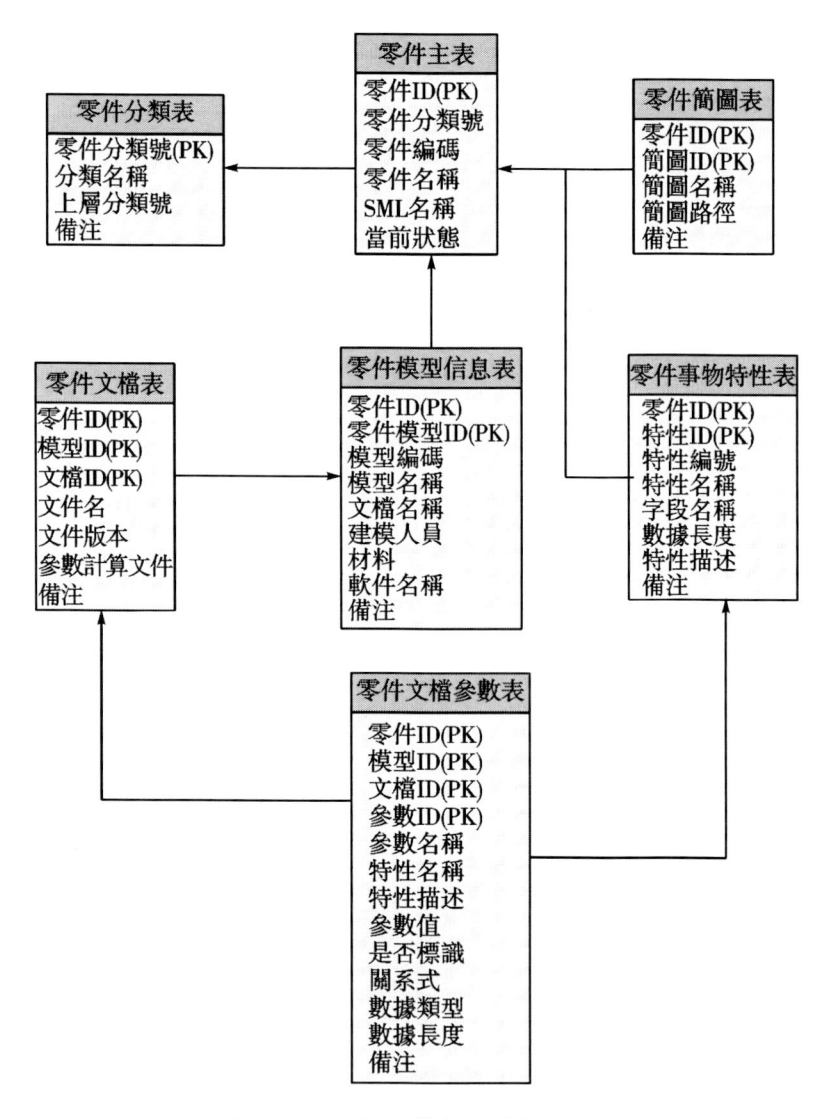

```
┌─────────────────┐         ┌─────────────┐         ┌─────────────┐
│   零件分類表     │         │  零件主表    │         │  零件簡圖表  │
├─────────────────┤         ├─────────────┤         ├─────────────┤
│ 零件分類號(PK)   │◄────────│ 零件ID(PK)   │────────►│ 零件ID(PK)   │
│ 分類名稱         │         │ 零件分類號   │         │ 簡圖ID(PK)   │
│ 上層分類號       │         │ 零件編碼     │         │ 簡圖名稱     │
│ 備註             │         │ 零件名稱     │         │ 簡圖路徑     │
└─────────────────┘         │ SML名稱      │         │ 備註         │
                            │ 當前狀態     │         └─────────────┘
                            └──────▲──────┘
                                   │
┌─────────────┐         ┌──────────┴──────┐         ┌──────────────┐
│  零件文檔表  │         │  零件模型信息表  │         │ 零件事物特性表 │
├─────────────┤         ├─────────────────┤         ├──────────────┤
│ 零件ID(PK)   │         │ 零件ID(PK)       │         │ 零件ID(PK)    │
│ 模型ID(PK)   │◄────────│ 零件模型ID(PK)   │────────►│ 特性ID(PK)    │
│ 文檔ID(PK)   │         │ 模型編碼         │         │ 特性編號      │
│ 文件名       │         │ 模型名稱         │         │ 特性名稱      │
│ 文件版本     │         │ 文檔名稱         │         │ 字段名稱      │
│ 參數計算文件 │         │ 建模人員         │         │ 數據長度      │
│ 備註         │         │ 材料             │         │ 特性描述      │
└──────▲──────┘         │ 軟件名稱         │         │ 備註          │
       │                │ 備註             │         └──────▲───────┘
       │                └─────────────────┘                │
       │                                                    │
       │                ┌──────────────────┐               │
       │                │  零件文檔參數表   │               │
       │                ├──────────────────┤               │
       │                │ 零件ID(PK)        │               │
       │                │ 模型ID(PK)        │               │
       └────────────────│ 文檔ID(PK)        │───────────────┘
                        │ 參數ID(PK)        │
                        │ 參數名稱          │
                        │ 特性名稱          │
                        │ 特性描述          │
                        │ 參數值            │
                        │ 是否標識          │
                        │ 關系式            │
                        │ 數據類型          │
                        │ 數據長度          │
                        │ 備註              │
                        └──────────────────┘
```

圖 3.5　零件建模數據表關係圖

為板類、軸類等，按功能分主要分為通用件、標準件等。對已建立的分類也可以進行修改和刪除等操作。

　　零件分類管理的數據表關係圖如圖 3.8 所示：其中零件分類表可以對應多個零件主表，一個零件主表可以對應幾個零件模型信息表，以及一個零件模型信息表可以對應多個零件文

第三章　灌裝輸送線產品集成化建模工具

```
                              ┌─ 新建分類
                ┌─ 零件族分類管理 ─┼─ 修改分類
                │                 └─ 刪除分類
                │
                │                     ┌─ 模型名稱
                │                     ├─ 模型編碼
                │                     ├─ 材料
                ├─ 定義零件族基本訊息 ─┼─ 建模人員
                │                     ├─ 模型路徑
                │                     └─ ……
                │
                │                 ┌─ 定義可變參數
                │                 ├─ 編輯可變參數
                ├─ 定義事物特性表 ─┼─ 刪除可變參數
                │                 └─ 添加變型規則
                │
                │                 ┌─ 添加關系式
                │                 ├─ 修改關系式
灌裝輸送線零件族建模 ─┼─ 定義關系式 ─┼─ 刪除關系式
                │                 ├─ 檢驗關系式
                │                 └─ 儲存關系式
                │
                │                 ┌─ 輸入測試數據
                │                 ├─ 計算關系式
                ├─ 變型測試 ──────┼─ 相關可變參數值修改
                │                 ├─ 驅動模型變型
                │                 └─ 模型還原
                │
                │                 ┌─ 製作模型簡圖
                ├─ 制作模型簡圖 ──┼─ 編輯簡圖
                │                 └─ 刪除簡圖
                │
                │             ┌─ 提交幾何模型
                └─ 提交模型 ──┼─ 提交模型簡圖
                              └─ 提交模型基本訊息
```

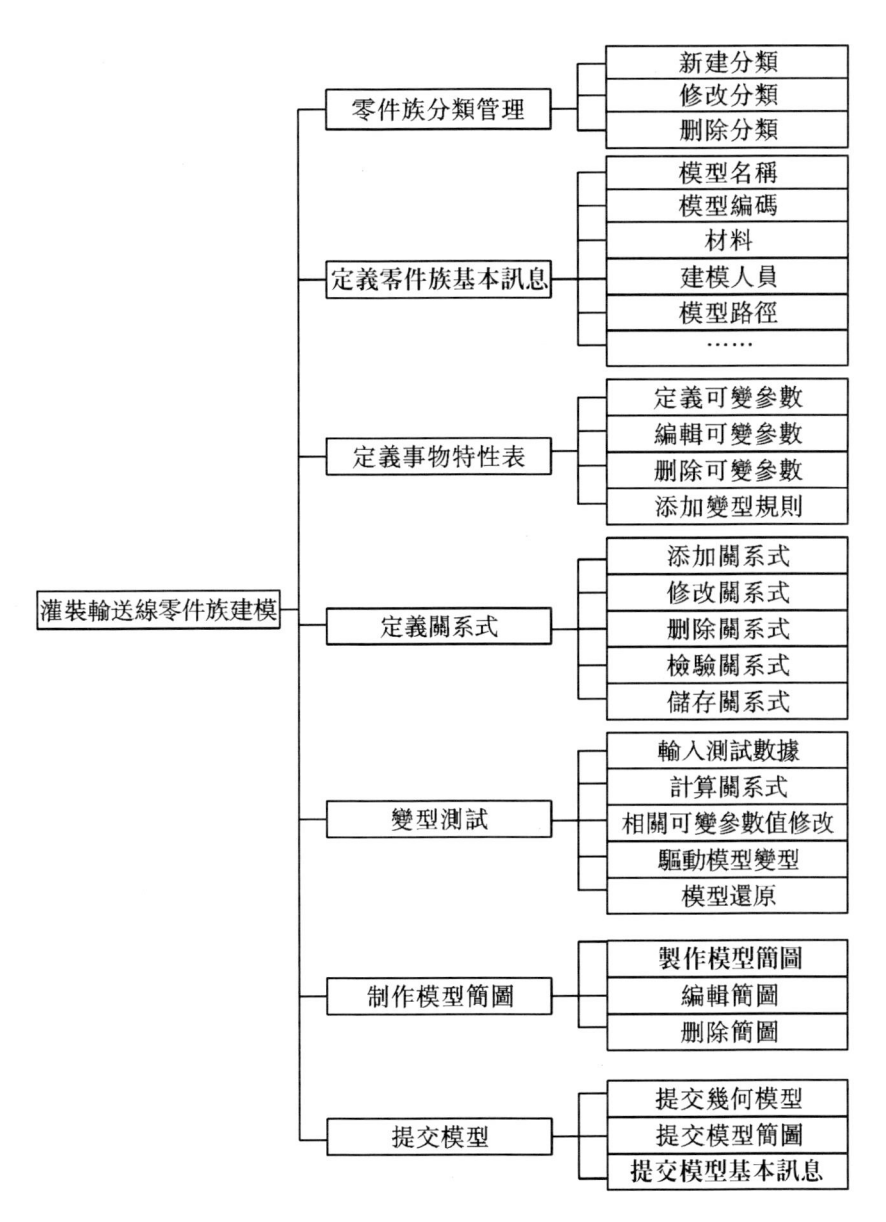

圖 3.6　灌裝輸送線零件建模的功能模型

檔表。

（2）定義零件族基本信息

定義零件族基本信息包括定義模型名稱、模型編碼、材

43

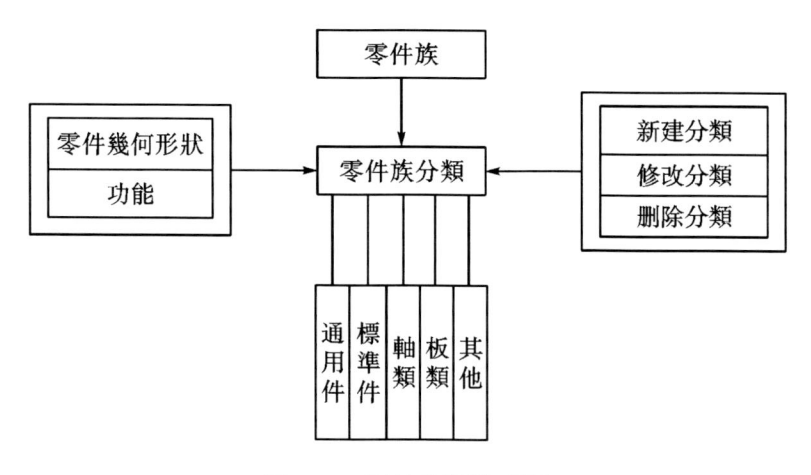

圖 3.7　零件分類管理圖

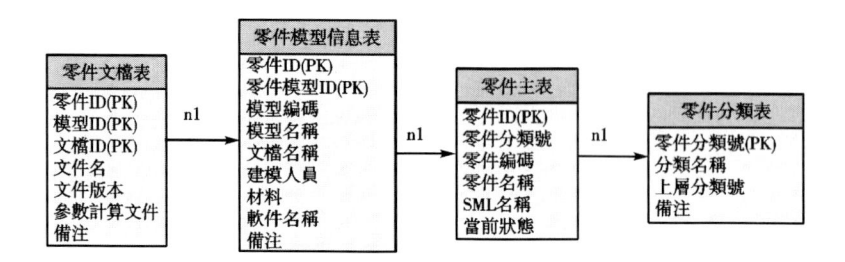

圖 3.8　零件分類關係數據表關係圖

料、建模人員、模型路徑等。

　　定義零件族基本信息的流程圖如圖 3.9 所示，首先從規劃擬建立的模型庫中獲得模型的名稱、編碼等信息，然後對模型文件的名稱、編碼、建模人員、材料、備註等相關信息進行填寫。

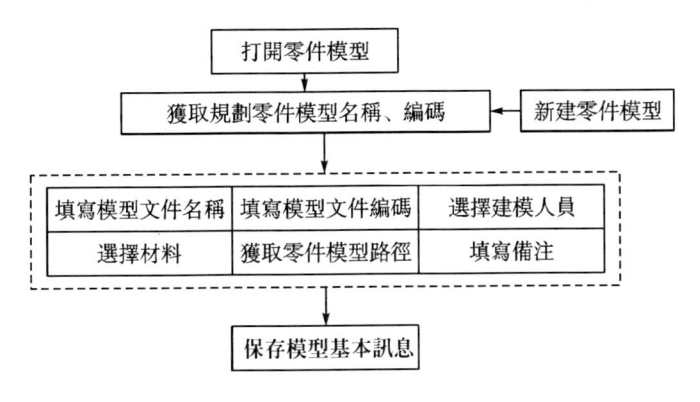

```
              ┌──────────────┐
              │  打開零件模型  │
              └──────┬───────┘
                     ↓
       ┌──────────────────────┐    ┌──────────────┐
       │ 獲取規劃零件模型名稱、編碼 │←───│ 新建零件模型 │
       └──────┬───────────────┘    └──────────────┘
              ↓
   ┌─────────────────────────────────────────┐
   │ 填寫模型文件名稱 │ 填寫模型文件編碼 │ 選擇建模人員 │
   │ 選擇材料       │ 獲取零件模型路徑 │ 填寫備註     │
   └─────────────────────┬───────────────────┘
                         ↓
               ┌──────────────────┐
               │  保存模型基本訊息  │
               └──────────────────┘
```

圖 3.9　定義零件基本信息流程圖

（3）定義事物特性表

定義零件族的事物特性表包括定義可變參數、編輯可變參數、刪除可變參數、添加變型規則。

定義零件族事物特性表的流程圖如圖 3.10 所示，首先遍歷零件的所有的特徵，獲得造型特徵的尺寸，為了方便後續的定義關係式，在此需對所需的尺寸名稱進行修改，修改完尺寸名稱後選擇主驅動參數定義事物特性表，對可以對選入事物特性表的參數進行編輯、刪除等操作。

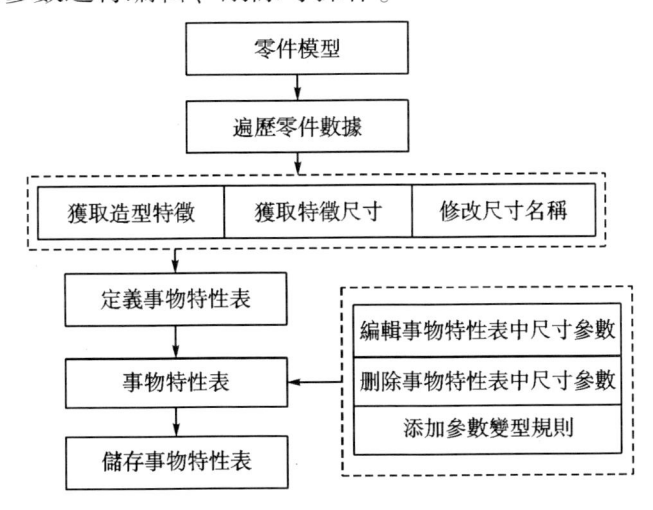

```
              ┌──────────┐
              │ 零件模型  │
              └─────┬────┘
                    ↓
              ┌──────────┐
              │ 遍歷零件數據│
              └─────┬────┘
                    ↓
   ┌─────────────────────────────────┐
   │ 獲取造型特徵 │ 獲取特徵尺寸 │ 修改尺寸名稱 │
   └─────────────┬───────────────────┘
                 ↓
         ┌────────────────┐
         │  定義事物特性表  │
         └────────┬───────┘
                  ↓                    ┌──────────────────────┐
         ┌────────────────┐            │ 編輯事物特性表中尺寸參數 │
         │   事物特性表    │←───────────│ 刪除事物特性表中尺寸參數 │
         └────────┬───────┘            │ 添加參數變型規則         │
                  ↓                    └──────────────────────┘
         ┌────────────────┐
         │  儲存事物特性表  │
         └────────────────┘
```

圖 3.10　定義事物特性表

（4）定義關係式

定義零件族的關係式包括添加關係式、修改關係式、刪除關係式、檢驗關係式、儲存關係式。

事物特性表是對產品各項尺寸的幾何表達，以及對各尺寸之間的關係建立表達式。事物特性表中零件的特徵參數尺寸可分為主驅動參數、相關可變參數、不變參數。關係式的建立主要是建立主驅動參數和相關可變參數的關係，通過關係式的建立，當主驅動參數發生改變時，能帶動相關參數的改變。

關係式可以分為等式和不等式，也可分為線性和非線性。等式關係式可以通過主驅動參數的值計算出相關參數的具體值，不等式關係式是建立相關參數的能變能力。關係式的右邊都為選擇的主驅動參數，關係式的左邊為與關係式右邊參數相關的相關可變參數。

定義關係式的流程圖如圖 3.11 所示：根據零件的幾何特性和幾何約束，對事物特性表和相關可變參數建立關係式，根據關係式來約束幾何尺寸的變化，也可以對已定義好的關係式進行編輯、刪除、儲存等操作。

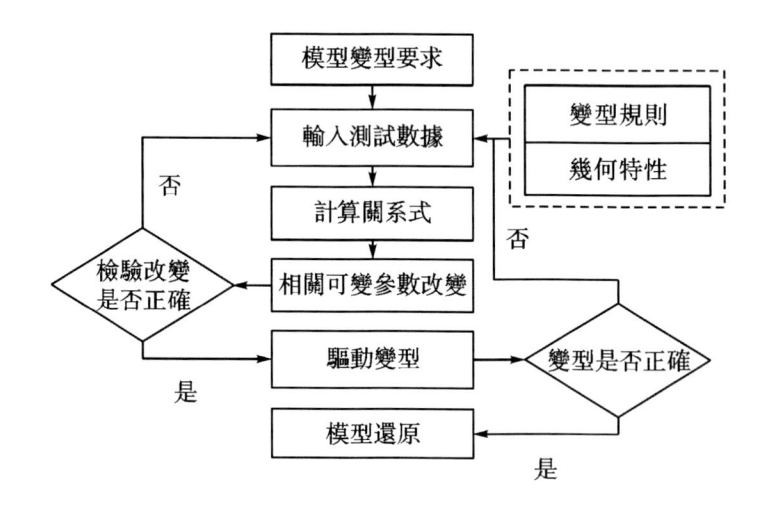

圖 3.11　定義關係式流程圖

(5) 變型測試

零件族的變型測試包括輸入測試數據、計算關係式、相關可變參數根據已輸入的測試數據發生相關的變化、驅動模型變型、發生變型的模型還原。

變型測試的流程圖如圖 3.12 所示：根據模型的變型要求、變型規則、幾何特性等約束，輸入模型變型測試數據，計算關係式得出相關可變參數的值，用模型新的參數值驅動模型變型，看變型結果否是符合要求，模型測試完後需對模型進行還原。

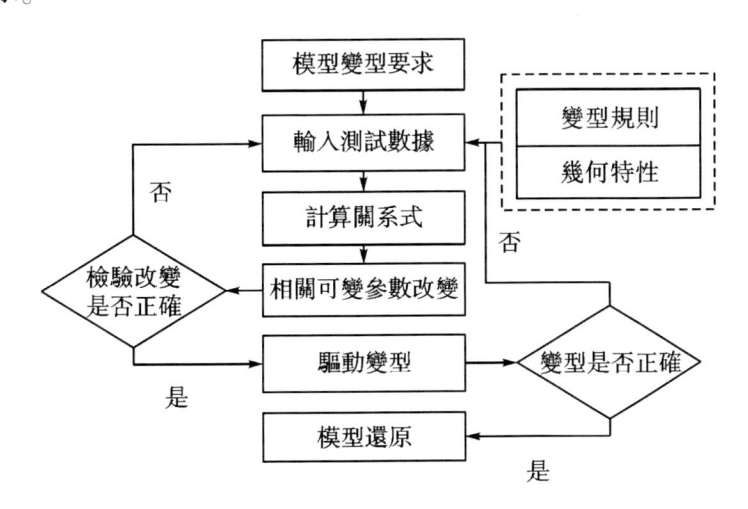

圖 3.12　變型測試流程圖

(6) 製作模型簡圖

製作模型簡圖包括製作簡圖、編輯簡圖、刪除簡圖。製作簡圖的流程如圖 3.13 所示。

(7) 提交模型

建模人員完成建模後，將模型的幾何模型、模型簡圖以及基本信息等進行提交。提交模型的流程如圖 3.14 所示。

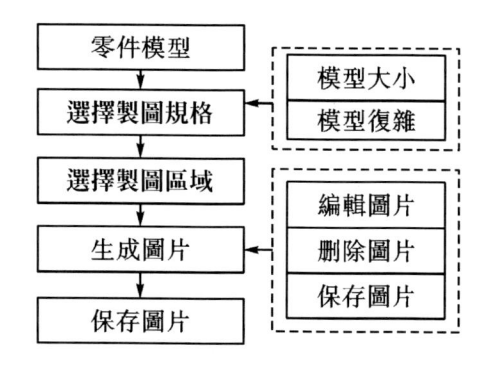

图 3.13　製作簡圖流程圖

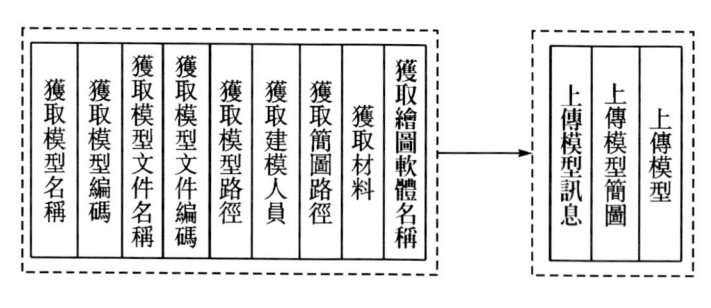

圖 3.14　提交模型流程圖

3.2.3　零件建模工具的開發

圖 3.15 以直平行墊板為例，說明了零件的建模過程。首先讀取直平行墊板的特徵信息和特徵尺寸，再選取主驅動參數進行事物特性表的定義。基於事物特性表的參數化建模技術是建立主驅動參數和相關參數的聯繫，在參數化設計中，選擇主驅動參數是根據設計要求和國家標準來綜合考慮的，不同零件的主驅動參數不同。參數化建模是建立在零件的特徵獲取的基礎上的。相關參數和主參數的關係可以通過關係式的建立來完成。

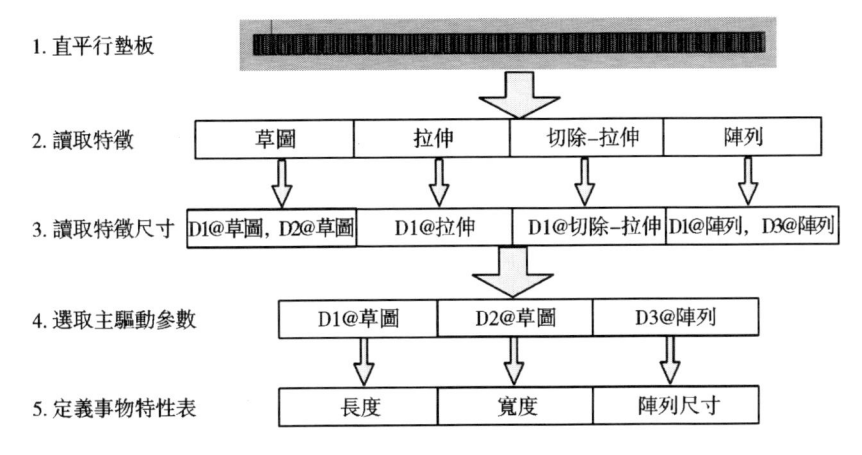

第三章 灌裝輸送線產品集成化建模工具

1. 直平行墊板	████████████████████

| 2. 讀取特徵 | 草圖 | 拉伸 | 切除-拉伸 | 陣列 |

| 3. 讀取特徵尺寸 | D1@草圖, D2@草圖 | D1@拉伸 | D1@切除-拉伸 | D1@陣列, D3@陣列 |

| 4. 選取主驅動參數 | D1@草圖 | D2@草圖 | D3@陣列 |

| 5. 定義事物特性表 | 長度 | 寬度 | 陣列尺寸 |

圖 3.15 基於實例的建模過程描述

基於零件事物特性表的零件建模功能，利用 VC++、SolidWorks 提供的 API 接口函數、SQL Server 2000 數據庫進行開發，實現過程主要可分為以下幾步：

```
(1)獲取零件的特徵參數和特徵尺寸參數：
CComPtr<IDimension> iDim；
swDispDim->IGetDimension（&iDim）；//獲取尺寸
CComBSTR dimname；
iDim->get_FullName（&dimname）；//獲取尺寸名稱
CString Dimname=dimname；
BSTR *configname；
configname=0；
double chicun；
iDim - > IGetSystemValue3（swThisConfiguration，1，configname，
&chicun）；//獲取尺寸值
(2)定義事物特性表：
void CPartinfodlg::OnBnClickedButtonEntersmltable（）
{CString str,strSql,name；
    int n=0；
    for（int i=0;i<m_Featurelist.GetItemCount（）;i++）{
    if（m_Featurelist.GetCheck（i）==TRUE）//如果復選框被選中
           {str=m_Featurelist.GetItemText（i,0）；
strSql.Format（"update z_DocParaDef set MarkOrNot='yes' where PrdID
=%d and
MdlID=%d and ParaName='%s'",g_PrdID,g_MdlID,str）；//標示數據庫
中被選入事物特性表中的參數
```

```
m_db.Execute(strSql);
swtx_dlg.ShowMainParaList(&(swtx_dlg.m_ablevarientList));//顯示事物
特性表函數
}

}
UpdateData(TRUE);
}
(3)編輯事物特性表的函數
void CAblevarientdlg::OnEdititem()
{int num=0;
CString str,strSql;
num=(int)m_ablevarientList.GetItemCount();
for(int i=0;i<num;i++)
{
if(m_ablevarientList.GetItemState(i,LVIS_SELECTED)==LVIS_SE-
LECTED)
{
CSmleditdlg dlg;
dlg.m_Smlname=m_ablevarientList.GetItemText(i,0);//根據要求改變獲
取的尺寸名稱
dlg.m_Editrule=m_ablevarientList.GetItemText(i,3);//添加變型規則
str=m_ablevarientList.GetItemText(i,1);
if(dlg.DoModal()==IDOK)
{ strSql.Format("update z_DocParaDef set FeatName='%s',Note='%s'
where PrdID=%d and MdlID=%d and ParaName='%s'",dlg.m_Smlname,
dlg.m_Editrule,g_PrdID,g_MdlID,str);//刷新數據庫
m_db.Execute(strSql);}
}
}

(4)定義關係式
void CRaletiondlg::OnBnClickedButton12()
{ UpdateData(TRUE);
  int i=0;
  if(m_rela=="")
  {
  AfxMessageBox("請先輸入關係式!");
  return;
  }
  i=m_relaList.GetItemCount();
  CString str;
  str.Format("%d",i+1);
  m_relaList.InsertItem(i,"");
  m_relaList.SetItemText(i,0,str);
  m_relaList.SetItemText(i,1,m_rela);
  m_relaList.SetItemText(i,2,m_relmessage);
}
```

3.2.4 零件建模原型系統界面

圖 3.16 是零部件庫的分類界面，圖 3.17 是灌裝輸送線數字化設計平臺零件建模工具的功能主菜單。圖 3.17 的每一個功能分別介紹如下：

圖 3.16 零部件分類

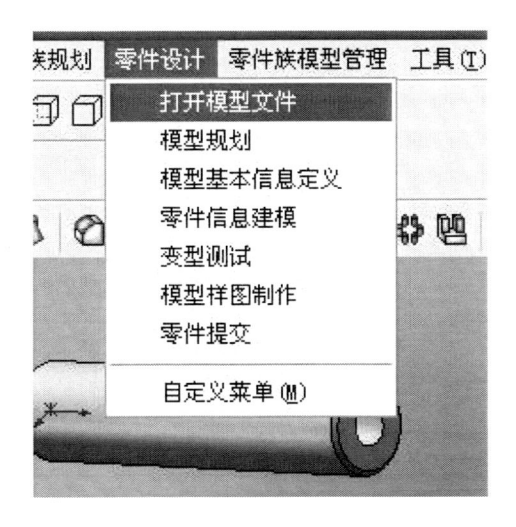

圖 3.17 零件建模原型系統功能主菜單

（1）打開模型文件：對已有模型進行管理，可以查看已經生成的模型。

（2）模型規劃：選擇規劃時需要建立的零件模型。

（3）模型基本信息定義：定義模型的基本信息，如名稱、設計日期等。

（4）零件信息建模：零件建模的主要部分，進行事物特性表的定義，關係式的建立等。

（5）變型測試：對建好的零件模型，進行變型測試。

（6）模型樣圖製作：製作零件模型的樣圖。

（7）零件提交：確認提交零件模型。

在這裡對零件建模原型系統主菜單每一項功能加以說明。

①零件建模原型系統第3項功能「模型基本信息定義」

其功能主要是獲取當前打開文件的路徑；設置零件模型名稱、模型文件名稱、文件編碼、建模人員、材料以及備註等信息。單擊零件建模原型系統主菜單欄「模型基本信息定義」，則彈出如圖3.18所示的模型基本信息定義對話框：

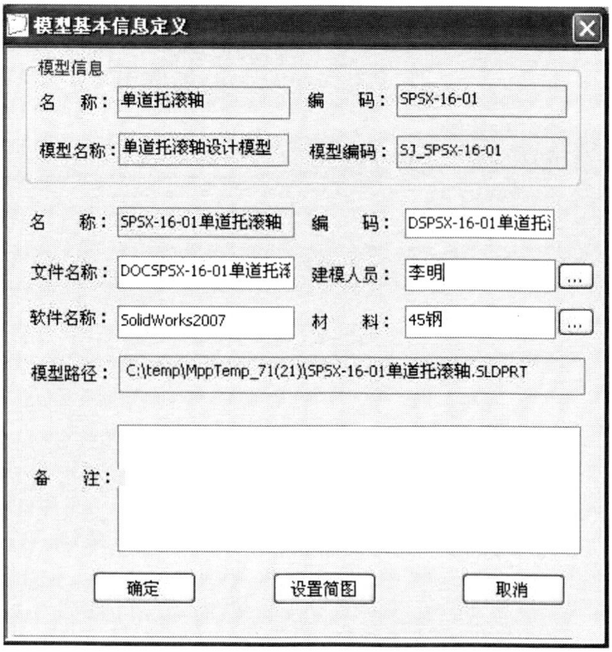

圖 3.18　模型基本信息定義對話框

當模型基本信息定義好以後，點擊「確定」按鈕將已定義好的模型基本信息存入數據表中，用戶也可以點擊設置簡圖按鈕製作模型簡圖。

②零件建模原型系統第 4 項功能「零件信息建模」

零件信息建模功能主要用於修改模型的尺寸名稱、定義模型的可變參數（事物特性表）、添加關係式信息。

a. 修改尺寸名稱

模型的每一個造型特徵都包含了很多尺寸，此處讀出的尺寸名稱為全名，由於在添加關係式只能取@前面的尺寸符號，且關係式的計算不能同時出現兩個相同的尺寸符號，因此在定義事物特性表之前應修改加入事物特表中尺寸的名稱，使@前的尺寸符號唯一。界面如圖 3.19 所示。

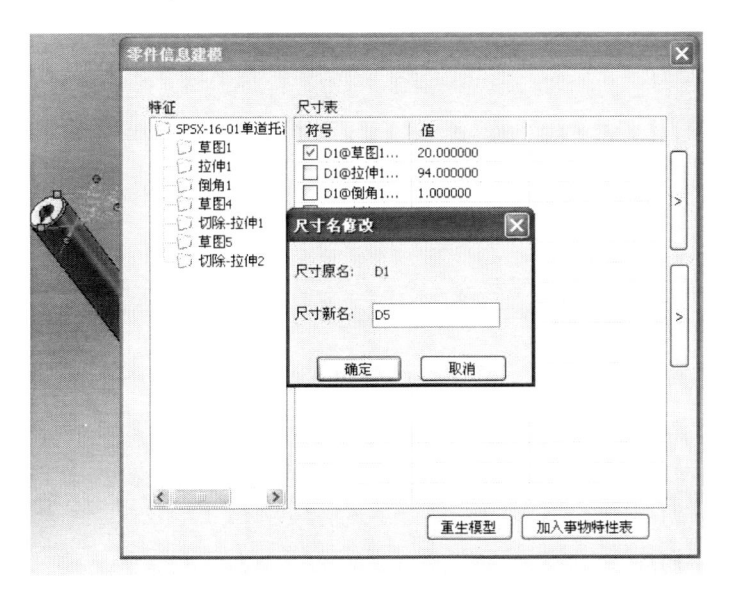

圖 3.19　修改尺寸名稱

用戶可選中需改變的尺寸行的復選框，然後雙擊該行，進行尺寸名稱的修改或是直接雙擊某行進行尺寸名稱的修改，然後點擊界面中的重生模型按鈕以便尺寸符號名稱刷新。尺寸名

修改對話框中尺寸原名為選中尺寸名稱第一個@前的名稱，尺寸新名為用戶編輯的不重複的尺寸符號名稱。

b. 定義事物特性表

選擇造型特徵的尺寸添加到事物特性表，用戶也可以將加入事物特性表中的尺寸刪除，還可以根據自己的用名習慣修改尺寸符號名稱，使尺寸名稱看上去更直觀，並添加一些尺寸的變型規則，將定義的事物特性表存儲於數據庫中，以便於以後進行參數修改，以後進行快速的變型設計。界面如圖 3.20 所示。

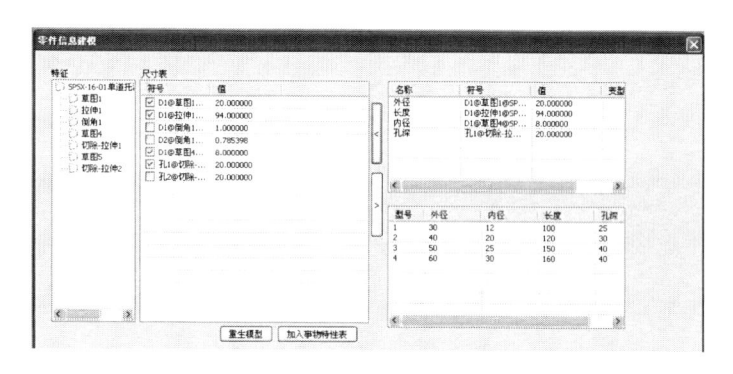

圖 3.20　定義事物特性表

c. 添加關係式

在模型的幾何特徵中，相關可變參數與事物特性表中的參數存在著一定的約束關係，這種約束關係通過關係式來描述。在關係式添加界面中提供了常用運算符號、導入、導出、關係式添加、刪除、修改等功能。界面如圖 3.21 所示。

③零件建模原型系統主菜單第 5 項子功能「模型測試」

在對定義完模型事物特性表和關係式後，用戶需要對其建立模型的變型能力進行驗證，檢驗三維模型構建的可用性，需要使用模型變型測試功能來驗證。單擊原型系統主菜單「變型測試」選項，進入如圖 3.22 所示模型變型測試界面。

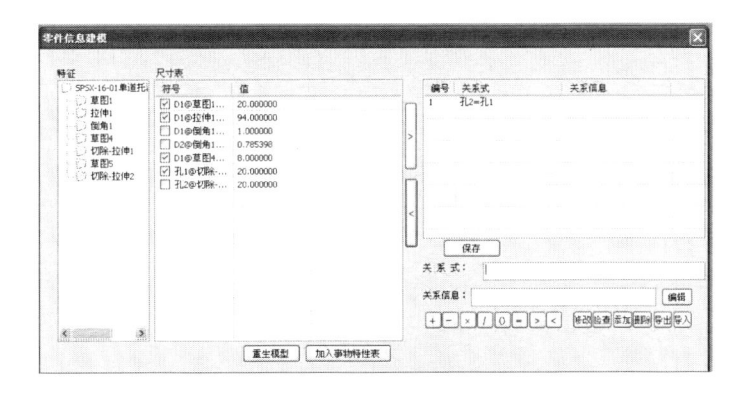

圖 3.21　定義關係式

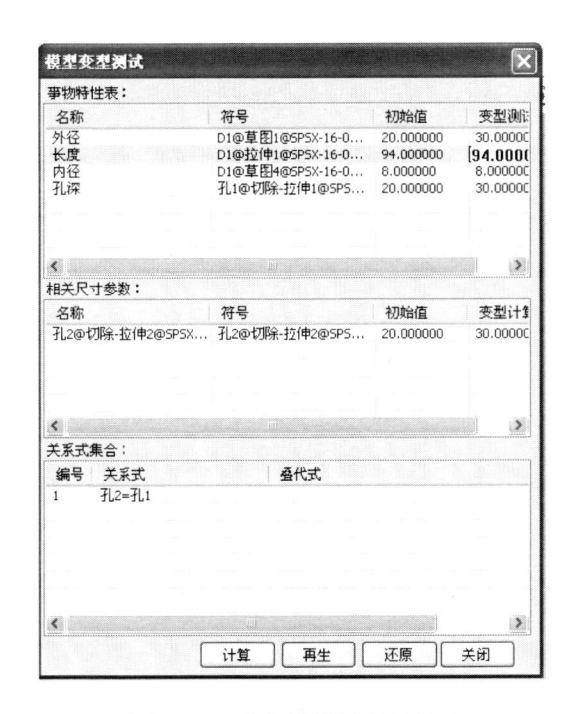

圖 3.22　模型變型測試界面

　　a. 事務特性表列表：該列表框顯示內部事物特性表結構數組中屬於當前模型以及類型為尺寸或數值類型的參數的所有事物特性表。列表中顯示事物特性表的名稱、初始值（從當前模型中讀取）、測試值（用戶能夠進行編輯，默認同初始值

相同)。

b. 相關尺寸參數列表：該列表顯示從關係式中分離出尺寸和參數，然後過濾事物特性表項。列表的名稱列顯示尺寸符號或參數名稱，初始值為直接讀取當前模型的值，測試值是通過計算關係式之後得到的值。

c. 關係式集合：把屬於當前模型的所有關係式都顯示在關係式集列表控件中。

d. 計算：獲得事物特性表項中用戶輸入的測試值，再按照關係式排列順序來計算所有的相關尺寸的值。計算完成之後更新相關尺寸列表框中的測試值。

e. 再生：用計算得到的測試值來修改模型中相應的尺寸和參數值，然後再生模型，如果再生成功，說明建立的模型和關係式集滿足變型需要。

f. 還原：用事物特性表和相關尺寸參數的初始值還原變型測試之前的模型。

④零件建模原型系統第 6 項功能「模型樣圖製作」功能說明

模型樣圖製作是從 SolidWroks 中截取需要的模型部分，生成樣圖，製作完模型簡圖後，用戶可以對製作的模型簡圖進行編輯，如圖 3.23 所示。

圖 3.23　模型樣圖製作

⑤零件建模原型系統主菜單第7項「零件提交」功能說明

在定義完成零件模型的事物特性表、關係式信息以及製作好樣圖之後，用戶就可以進入模型提交階段。點擊原型系統主菜單「零件提交」功能彈出如圖3.24所示對話框。

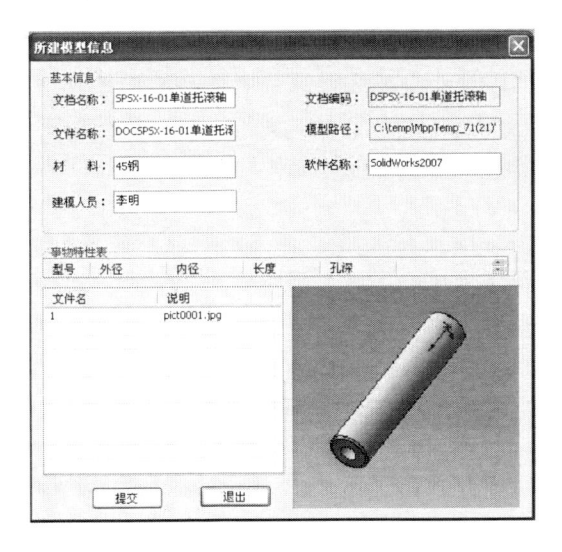

圖3.24　零件模型提交

3.3　灌裝輸送線部件建模工具

3.3.1　基於配置的部件建模原理

3.3.1.1　灌裝輸送線部件的信息描述

灌裝輸送線部件作為輸送單元的組成部分，建模時需要將部件的幾何特徵及部件裝配體裝配約束關係進行數字化描述，並按照模塊化的方法對灌裝輸送線部件進行建模。同時需要將部件的語義信息建立信息模型進行描述，設置相應信息模型的內容，建立模型管理功能。

部件信息模型主要包括部件的名稱、部件的編碼、部件的

模型名稱、部件的模型編碼、設計者以及部件的材料等相關信息，建模時將相關信息存入信息模型數據庫中，實現信息和零件的唯一映射關係。

在建立部件裝配體的基本幾何信息之後，通過三維軟件提供的接口獲取裝配體的裝配尺寸，並且選擇主驅動裝配尺寸和可變裝配尺寸，以及建立可變裝配尺寸與主驅動裝配尺寸的關係式，通過基於事物特性表的關係表達式對裝配體的幾何特徵值及幾何約束關係進行描述。

3.3.1.2 灌裝輸送線部件模型配置技術

配置模型是指描述裝配體的組成零件、部件以及他們之間的約束、數量關係的集合。關於可配置產品目前還沒有一個很明確的定義，王世偉、譚建榮[48]等指出如果一個產品是預先針對某一市場範圍內的客戶設計，且當在該範圍內面對不同的客戶需求時，能夠根據預先確定的產品基本結構和零件或模塊，通過一個可行的組合（配置），不需要創新設計或適應性設計，而只要通過常規的設計方法（變型設計）就能完成該產品的設計，則該產品是可配置的產品。

在灌裝輸送線部件裝配體模型配置過程中，通過查找輸送線零部件庫中部件模型，尋找與目標部件模型相近或相似的部件模型，對其進行配置，選擇適當的配置方法對模型進行配置。配置技術作為實現快速設計的重要方法，目前工程界主要運用的配置技術有：①面向對象的方法。面向對象的方法提供了良好的人機交互，設計人員可以直接針對可配置產品模型進行操作。周義廷等[49]提出了一種結合面向對象的建模技術和動態約束滿足問題的配置方法。張勁松等[50]利用基於本體的配置建模方法，建立了產品配置元模型，應用面向對象的方法表達配置模型。周宏明[51]等利用面向對象技術進行構件設計，建立基於構建的產品模型和配置流程，利用客戶定制需求進行產品配置。②專家系統法。專家系統法的好處是針對某一領域

範圍內的可配置產品模型建立專家系統，對初級設計人員來講，專家系統法是實現產品快速配置的優秀方法之一。仲梁維等[52]利用專家系統的方法對產品進行配置。③知識重用法。王世偉、譚建榮[48]提到知識重用對於產品配置的重要性。蔣先剛[53]利用 Windchill 資源庫對產品配置進行知識重用。魏曉鳴等[54]通過對產品設計知識進行形式化表達，構建知識庫的方法實現了對設計知識的重用。

針對灌裝輸送線部件結構複雜、組成零部件種類多等特點，本書採用面向對象和知識重用的方法對灌裝輸送線部件配置進行研究。在採用面向對象方法的同時，對灌裝輸送線部件裝配體的知識表示和獲取、儲存進行了研究，將這些知識儲存於構建的知識庫中，在進行部件配置時可調用知識庫中的知識。圖 3.25 描述了輸送線部件配置模型的演化過程。

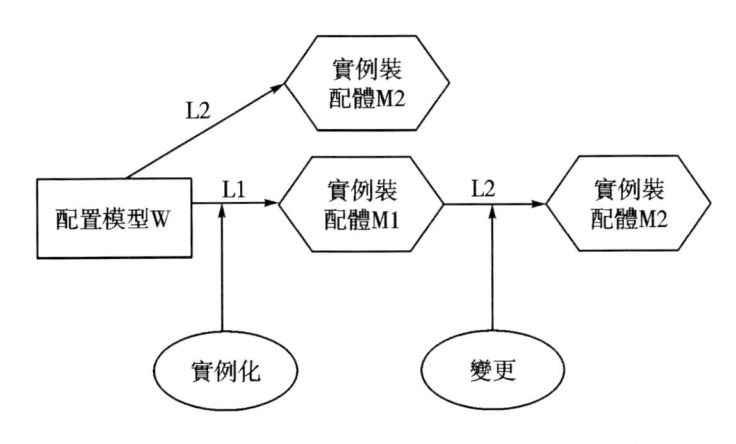

圖 3.25　灌裝輸送線部件配置模型的演化過程

如圖 3.25 所示，對灌裝輸送線部件進行配置時，首先針對一個輸送線部件裝配體有一個配置模型 W，根據市場的需求 L1，配置模型經實例化後形成了實例裝配體 M1。當市場的需求發生改變時，需求由之前的 L1 變更為 L2，則實例裝配體 M1 無法滿足市場需求，這時需要對配置模型 W 根據市場需求 L2 進行實例化，從而得到實例裝配體 M2，或是對 M1 施加一

系列的變更活動，如增加、刪除、替換組成零部件等。這時實例裝配體 M1 經過變更後變為了滿足市場需求的實例裝配體 M2。在對灌裝輸送線部件裝配體實施演化的過程中，主要有以下幾個實施步驟：

（1）根據幾何形狀，對部件裝配體進行劃分；

（2）建立部件裝配體基準模型；

（3）得到部件基準模型的配置模型；

（4）根據市場需求對部件配置模型經過實例化後得到實例裝配體 M1，M1＝L1（W）；

（5）當市場有 L1 變更為 L2 時，這時需要對配置模型 W 根據市場需求 L2 進行實例化，從而得到實例裝配體 M2，或對實例裝配體 M1 施加一系列的變更活動，使實例裝配體 M1 變更為實例裝配體 M2，M2＝L2（W）且 M2＝R（M1）。

此時 R＝C（R1，R2，…，Rn），R1，R2，…，Rn 為一系列的尺寸、形狀、位置、精度等的變更活動，包含了增加、刪除、替換等操作。

3.3.2 部件建模工具的設計

3.3.2.1 灌裝輸送線零件建模總體流程

建立部件模型，有兩種方式，即新建部件三維模型和從已有部件模型繼承建模，繼承建模主要通過對部件建立事物特性表來實現繼承建模。新建部件模型通過配置技術進行實現。

部件建模流程如圖 3.26 所示，獲取部件建模任務後，首先根據部件建模對象在平臺基礎庫中查找是否具有相同或相似部件模型。如平臺基礎庫中具有相似部件模型，則通過對部件模型進行修改，定義部件模型語義信息模型、幾何特徵模型以及幾何特徵之間的約束關係式對已有部件模型進行修改。對模型進行測試，如測試通過，則完成部件建模任務，提交新建部件模型至平臺庫中；如測試未能通過，則對部件的模型參數進

行進一步修改，直至測試通過完成部件建模任務。

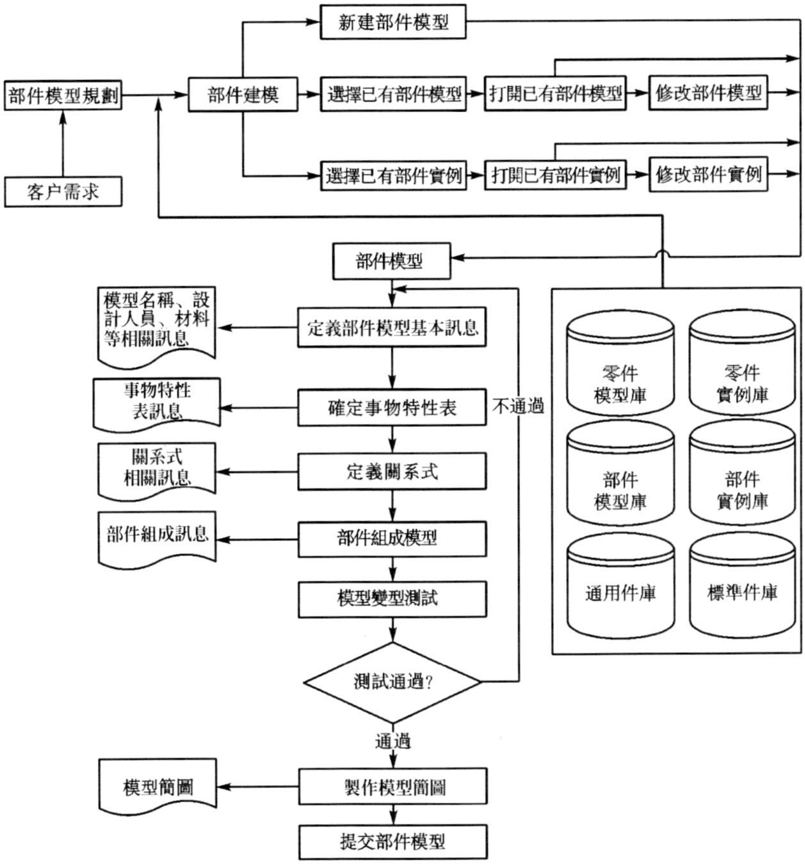

圖 3.26 灌裝輸送線部件模型建模流程

如果平臺部件模型庫中沒有與設計任務相似的部件模型，則需要新建部件模型，此時通過配置的方法對部件進行建模。建好部件的幾何模型以後再對模型的語義信息進行描述，生成與部件主模型對應的部件主文檔，通過建立事物特性表來表達部件模型的幾何信息及幾何特徵之間的約束關係，約束關係表達式需要根據不同的部件特徵分別進行定義。當建模完成後則對模型進行測試，測試通過後將建好的模型儲存於平臺部件模型庫中。

部件建模的數據表關係圖如圖 3.27 所示。主要包括部件分類表、部件主表、部件簡圖表、部件事物特性表、部件模型信息表、部件組成表、零件主表、模型說明文件表、部件文檔表、部件文檔參數表等。

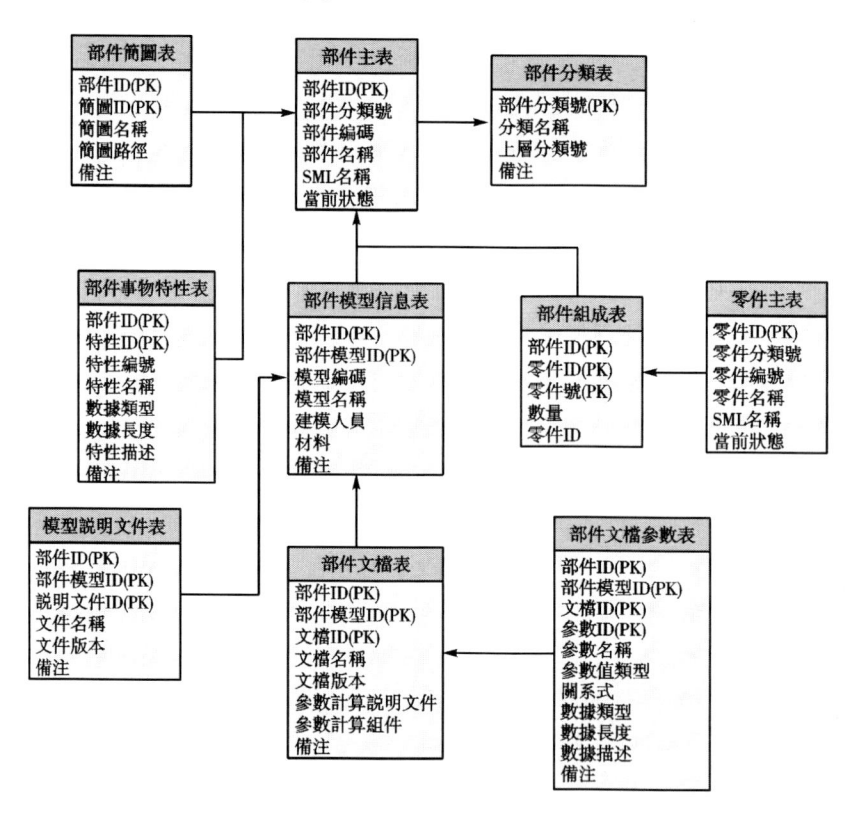

圖 3.27 部件建模數據表關係圖

3.3.2.2 灌裝輸送線零件建模功能模型及其分解

根據以上部件族建模的流程分析，部件族建模包括部件族分類管理、定義部件族基本信息、定義部件族的裝配模型、定義關係式、部件族的組成建模、部件族模型變型測試、製作部件族模型簡圖、提交模型。圖 3.28 為部件族建模功能模型圖。

第三章 灌裝輸送線產品集成化建模工具

```
灌裝輸送線部件族建模
├─ 部件族分類管理 ─┬─ 添加類別
│                  ├─ 修改類別
│                  └─ 刪除類別
├─ 部件族基本訊息定義 ─┬─ 模型名稱
│                      ├─ 模型編碼
│                      ├─ 材料
│                      ├─ 建模人員
│                      ├─ 模型路徑
│                      └─ ……
├─ 定義部件族的裝配模型 ─┬─ 定義可變參數
│                        ├─ 編輯可變參數
│                        ├─ 刪除可變參數
│                        └─ 添加變型規則
├─ 定義關系式 ─┬─ 添加關系式
│              ├─ 修改關系式
│              ├─ 刪除關系式
│              ├─ 檢驗關系式
│              └─ 儲存關系式
├─ 部件族的組成建模 ─┬─ 部件族的組成BOM
│                    ├─ 添加組成零部件
│                    ├─ 刪除組成零部件
│                    └─ 查看組成零部件基本信息
├─ 變型測試 ─┬─ 輸入測試數據
│            ├─ 計算關系式
│            ├─ 相關可變參數值修改
│            ├─ 驅動模型變型
│            └─ 模型還原
├─ 製作模型簡圖 ─┬─ 製作模型簡圖
│                ├─ 編輯簡圖
│                └─ 刪除簡圖
└─ 提交模型 ─┬─ 提交幾何模型
             ├─ 提交模型簡圖
             ├─ 提交模型裝配關系
             └─ 提交模型基本訊息
```

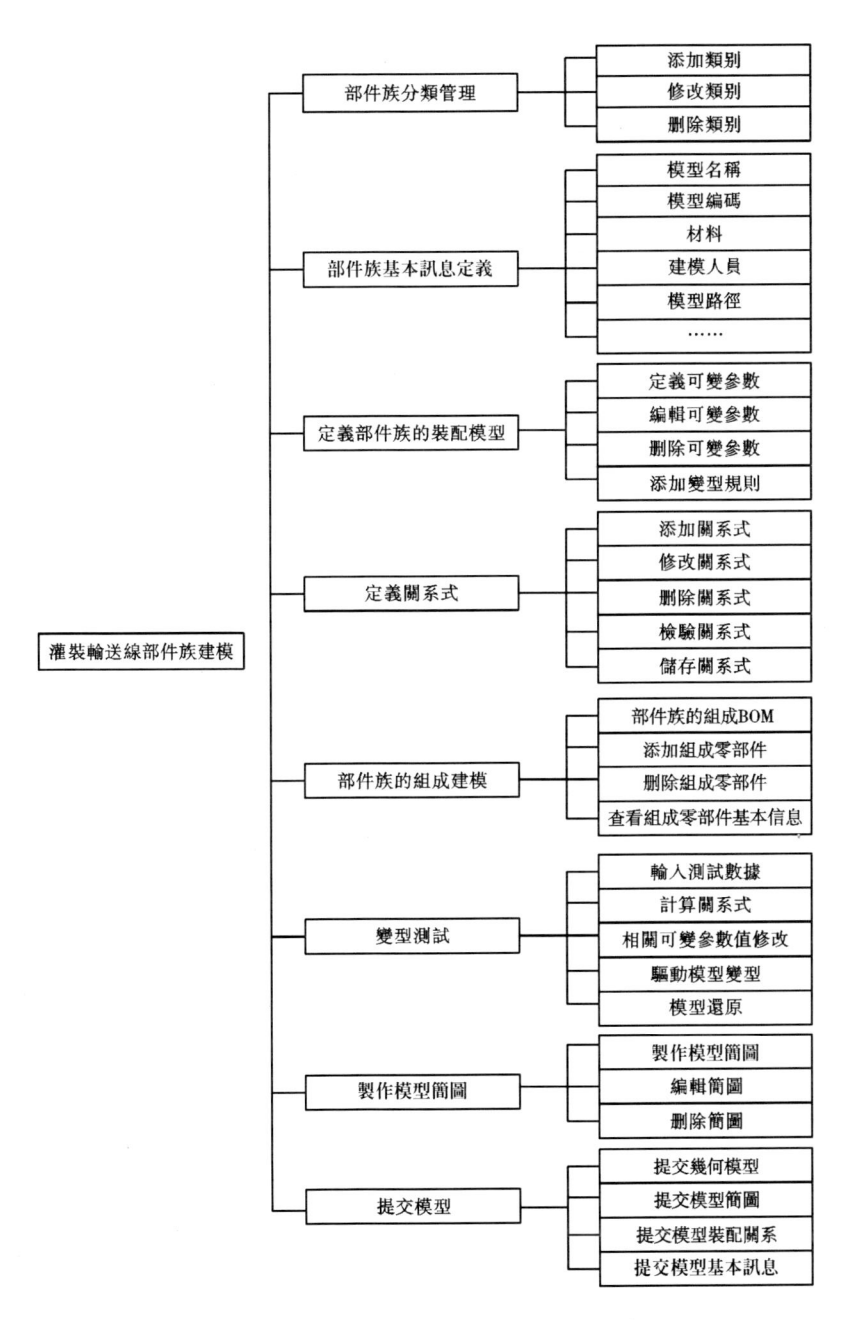

圖 3.28 灌裝輸送線部件建模的功能模型

部件族的分類管理、基本信息定義、定義裝配模型即為定

義部件的裝配尺寸，類似於零件的定義事物特性表、定義關係式、模型的變型測試、製作模型簡圖、提交模型等功能的設計與零件類似，這裡只講述部件建模中的組成建模功能。

部件族組成建模功能：

組成建模包括獲取部件族的組成 BOM、添加組成零部件、刪除組成零部件、查看組成零部件的基本信息。

組成建模的流程圖如圖 3.29 所示：遍歷部件，獲取裝配尺寸和獲取部件組成，也可以根據需要添加部件的組成零部件。

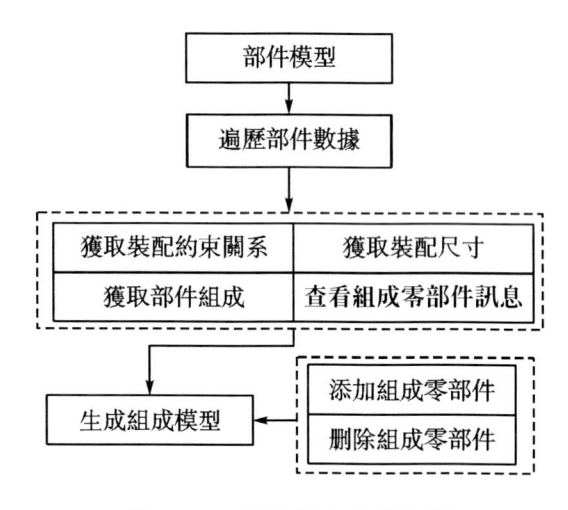

圖 3.29　部件組成建模流程

3.3.3　部件建模工具的開發

3.3.3.1　灌裝輸送線部件組成模型

實現灌裝輸送線部件配置建模的基礎是獲得部件裝配體組成模型，在已有裝配體組成模型的基礎上採用不同的方法對其進行配置。灌裝輸送線部件裝配體由不同零部件組成，通過本書研究小組對 SolidWorks 進行的二次開發，較易獲取部件裝配體的組成模型，其形成過程如圖 3.30 所示。

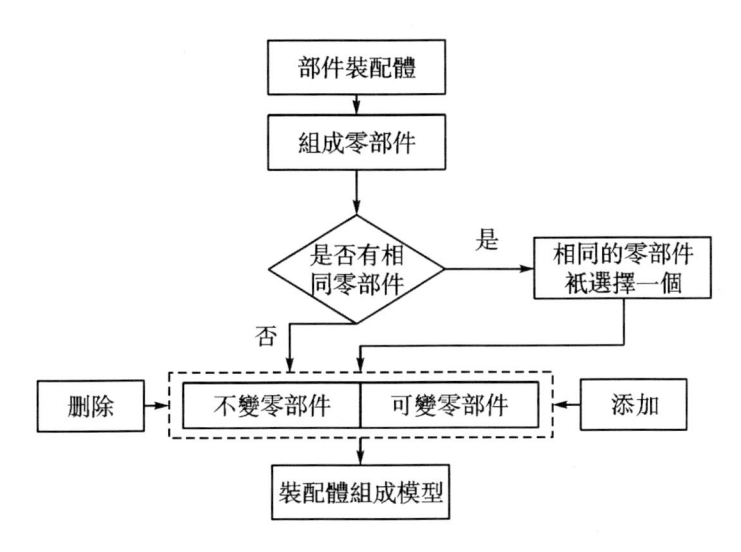

圖 3.30　部件裝配體組成模型的形成過程

首先根據灌裝輸送線部件裝配體模型，利用平臺軟件功能獲取裝配體組成零部件的詳細種類和數量，然後對獲取的所有零部件種類進行分析判斷，對於裝配體組成零部件由多個相同零部件組成的，則選取相同零部件中的一個作為裝配體組成模型。之後對裝配體組成模型中零部件進行類型劃分，按照可變零部件和不可變零部件兩大類對裝配體零部件進行歸類，再結合配置模型進行添加或者刪除。

在圖 3.30 中，我們知道任何裝配體都是由零部件組成的，在部件裝配體中有些零部件只有一個，有些卻有好幾個，設序號為 1，2，…，n，在得到部件的組成零部件後，經過判斷，得到裝配體的組成模型。部件裝配體組成模型形成過程主要包括以下 5 個過程：

（1）遍歷裝配體，得到所有的零部件；

（2）判斷是否含有相同零部件；

（3）如果有相同零部件，只選擇其中一個；

（4）對組成零部件進行添加、刪除；

（5）生成部件模型的組成模型。

3.3.3.2 組成模型獲取系統開發過程

本書在實現組成模型獲取這一過程時,採用 Windows 環境下運用 VC++對 SolidWorks 進行二次開發,採用 SQL SERVER 數據庫系統來實現該功能的開發。獲取部件裝配體的組成零部件,獲取部件裝配體組成零部件,通過函數的讀取功能讀取裝配體的當前對象的配置,再利用對讀取的對象進行數量的判斷,對於多個數量的灌裝輸送線組成零部件,則只選取其中一個。對於實現該功能的軟件代碼編寫如下:

```
CComPtr<IModelDoc2> swModelDoc;
swApp.CoCreateInstance(__uuidof(SldWorks),NULL,CLSCTX_LOCAL_
SERVER);
res = swApp->get_IActiveDoc2(&swModelDoc);
if(swModelDoc==NULL)
{   AfxMessageBox("獲取文件指針失敗!");
    return TRUE;}
CComPtr<IConfiguration> swConfig;
swModelDoc->IGetActiveConfiguration(&swConfig);//獲取當前對象的配置
if(swConfig==NULL)
{   MessageBox(_T("打開 swConfig 失敗"),_T("提示"),MB_OK);
    return TRUE;}
//獲取特徵樹中的組件個數
CComPtr<IComponent> swRootComp;
swConfig->IGetRootComponent(&swRootComp);
int componentCout;
swRootComp->IGetChildrenCount(&componentCout);
VARIANT vChildComp;
swRootComp->GetChildren(&vChildComp);
//以下是為了獲取包含特徵樹中的組件的數組
SAFEARRAY * safeComp;
safeComp=V_ARRAY(&vChildComp);
LPDISPATCH * safeArraycomp;
SafeArrayAccessData(safeComp,(void **)&safeArraycomp);
```

3.3.4 部件建模原型系統界面

圖 3.31 為灌裝輸送線部件建模原型系統功能主菜單,主

菜單中每個子項的功能為：

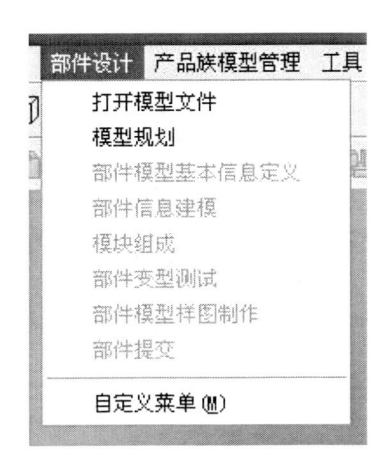

圖 3.31　灌裝輸送線部件建模原型系統功能主菜單

（1）打開模型文件：對部件模型進行管理。

（2）模型規劃：選擇規劃時需要建立的零件模型。

（3）部件模型基本信息定義：定義部件模型的基本信息，如名稱、材料等。

（4）部件信息建模：對部件可變參數進行定義。

（5）模塊組成：通過遍歷部件，獲得部件的組成 BOM。

（6）部件變型測試：對建好的模型，進行變型測試。

（7）部件模型樣圖製作：製作部件模型的樣圖。

（8）部件提交：確認提交已生成部件模型。

部件族建模的模型規劃、基本信息定義與零件族建模類似。

①部件信息建模

部件信息建模是用於確定部件模型的事務特性表（可變參數表），部件模型的事務特性表是從零部件的裝配位置尺寸中選出來的，所以裝配信息建模要能夠把零部件裝配位置尺寸顯示出來供用戶挑選。添加部件的事物特性表和關係式如圖 3.32、3.33 所示。

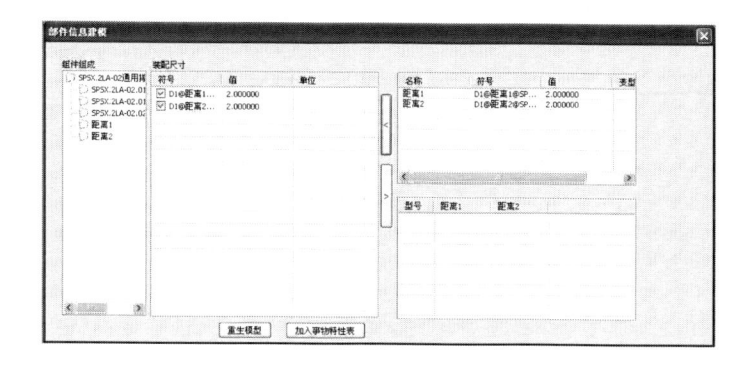

圖 3.32 裝配信息建模

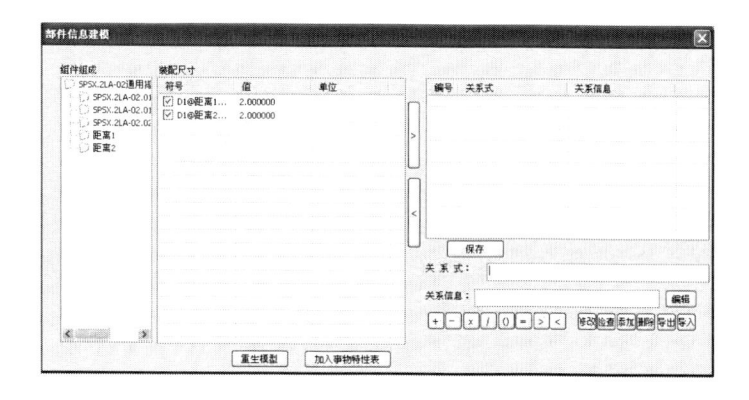

圖 3.33 裝配信息關係式

②模塊組成

任何部件都是由零部件按照一定約束關係組成的，裝配特徵樹初始化為顯示裝配體的組成零部件和裝配尺寸，點擊生成模型樹按鈕，將在組成模型樹中顯示裝配體的零件組成，同樣的零部件只顯示一次。點擊回應組成模型樹的零件時，查看該零件族的基本信息以及事物特性。用戶在得到部件的組成零部件後，可以根據自己的需要添加或刪除組成零部件，界面如圖3.34 和 3.35 所示

部件模型的變型測試、模型簡圖製作、模型提交與零件相同，在此不再贅述。

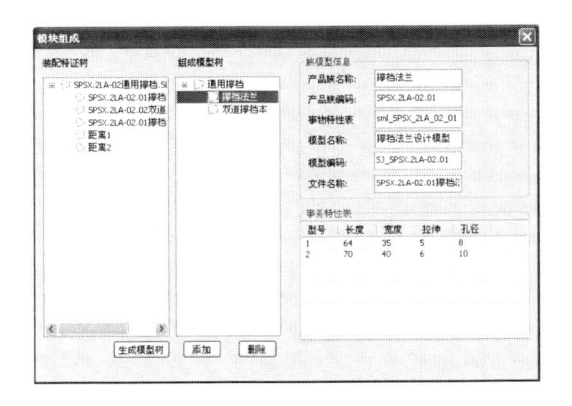

圖 3.34　部件配置建模功能

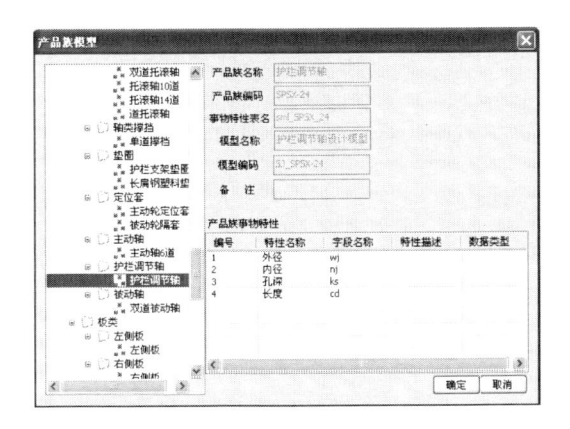

圖 3.35　添加裝配零件

3.4　輸送線零部件系列化工具

3.4.1　系列化原理

系列化，一般是指產品根據生產和使用的技術要求，經過技術經濟分析適當地加以歸納和簡化，將產品的主要參數和性能指標按一定規律進行分類，合理地安排產品的品種、規格以形成系列[42]。周濤等[55]運用系列化設計方法對複雜輕武器產

品的設計進行了研究，葉鋒[56]利用人因工程學方法解決了鞋子設計產品尺寸系列化問題。

在灌裝輸送線零部件的設計時，通過對零部件的組成進行分析，可以得知其組成零部件具有相似性。一方面是零件具有相似性，如撐杆、護欄支架、托滾軸等；另一方面輸送線組成單元之間具有幾何尺寸的相似性，如通用單道、通用多道之間具有幾何特性的相似性。根據相似性原理，對灌裝輸送線零部件設計時進行系列化設計。由於零部件模型主要由主模型、SML 表、信息模型組成，系列化設計時只需建立系列化零部件的一個主模型和不同的 SML 表和信息模型，即可通過選取 SML 表中不同事物特性參數，經過參數化驅動得到不同零部件的主模型和信息模型。系列化設計時將系列化設計結果儲存於零部件庫和信息模型庫中，可以減輕設計人員的工作量，減少模型庫存資源。

零部件的系列化是建立在族模型參數化建模和零部件變型基礎上的。在族模型建模過程中實現了 SML 表驅動參數表的建立，對族模型 SML 表進行管理時，就可以添加一系列零部件的驅動參數，通過參數驅動變型從而實現一系列相似零部件的系列化。

3.4.2 零件系列化設計與開發

基於 SML 的零件系列化管理功能模塊主要對設計人員進行零件系列化設計後建立的產品零件族模型進行管理，包括對所建模的審批、模型參數的系列化、模型檢驗等。

（1）模型審批

模型檢驗：對產品族和零件族的各種模型進行檢驗。

主文檔檢驗：對產品族和零件族的各種主文檔進行檢驗。

模型審核：對設計人員建立的產品族和零件族模型進行審核。

模型建立：建立產品族和零件族的主模型及其他模型，同時建立各模型的參數表的結構，包括事物特性表、主參數表、業務模型參數表等。

（2）零件模型管理

基型零件開發：定義零件族的基型零件，確定基型零件的事物特性值、主參數值、其他模型的參數值、主文檔參數值等。

系列化數系選擇：選擇一個或多個數系，作為零件系列化的依據。

主參數系列確定：根據基型產品的主參數值和數系，確定產品各系列的主參數值。

零件系列生成：根據零件各系列的主參數值，及模型和主文檔參數之間的關係，計算生成零件各系列模型和主文檔的參數值等。

零件系列調整：對系統生成的零件系列結果進行處理，對相關模型和主文檔的參數值進行圓整。

零件模塊管理：提供對零件模塊的定義，模塊系列化、模塊參數等的管理。

（3）零件模型管理

基型零件開發：定義零件族的基型零件，確定基型零件的事物特性值、主參數值、設計參數值、CAD 模型參數等。

數系選擇：選擇一個或多個數系，作為零件標準化、系列化的依據。

主參數系列：生成零件系列主參數系列值，並通過人機交互的模式確定零件系列。

參數表管理：根據主參數，對零件族的各種模型、主文檔的參數表進行管理。

標準件模型：針對標準件，建立標準件相關的 CAD 模型。

灌裝輸送線零件系列化設計流程如圖 3.36 所示，對灌裝

輸送線零件系列化設計分為兩個方面。一方面對企業原有通過審核的零件模型進行參數分析，將具有相似特徵的零件建立一組事物特性表（SML），通過選取基準模型的辦法對族模型系列化進行建模，完成後儲存於平臺數據庫中。另一方面通過分析新建零件模型的特徵參數，在建立模型時即以基準模型為基礎，建立一系列相似零件的特徵值儲存於事物特性表中，完成系列化建模。且在對零件族模型進行調用選取時，可以通過基準模型和系列化 SML 表即時生成所需的零件模型。

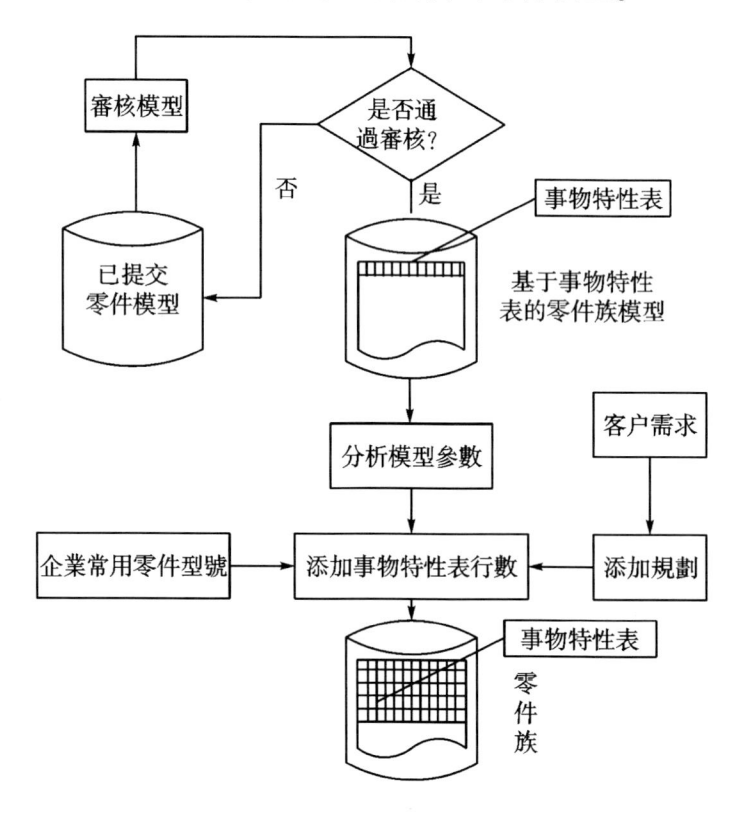

圖 3.36　輸送線零件系列化設計流程圖

3.4.3　部件系列化設計與開發

部件系列化設計流程如圖 3.37 所示。對部件進行系列化

設計和系列化管理時，首先對設計平臺部件模型庫中的部件模型進行分析，在已通過審核的部件模型中逐項分析部件模型的組成模型，對組成模型中零件和部件的種類和特點進行分析，對具有相同或相似零部件組成，且功能一致的部件建立系列化 SML 表，生成產品族模型。在分析部件組成零部件時，需要對零件的特徵和部件的特徵進行判斷，提取相似性，形成部件族模型。

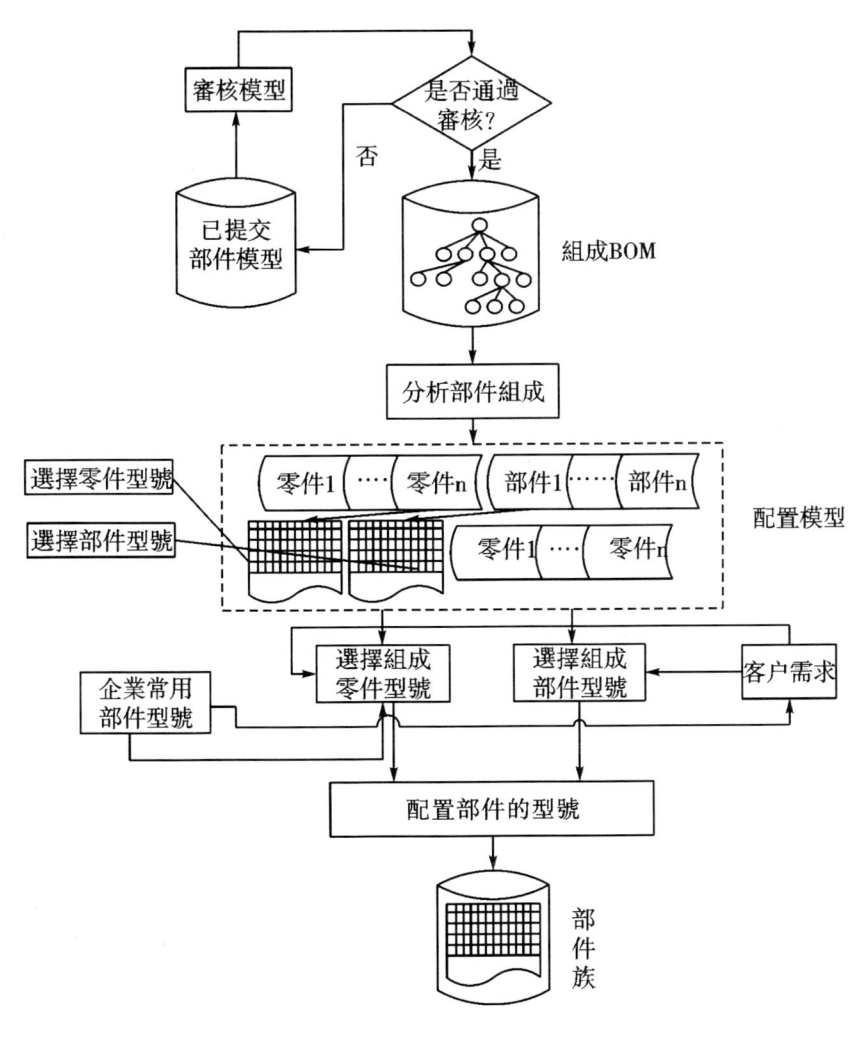

圖 3.37　輸送線部件系列化設計流程圖

3.4.4 產品系列化原型系統界面

圖 3.38 為零件系列化設計軟件界面，其中左邊樹形結構為零件族模型庫管理功能，當從左邊零件庫中選中某一零件時，右邊窗口區域則出現對應零件模型的事物特性表和主文檔信息，通過添加系列化 SML 表參數值形成系列化零件族。

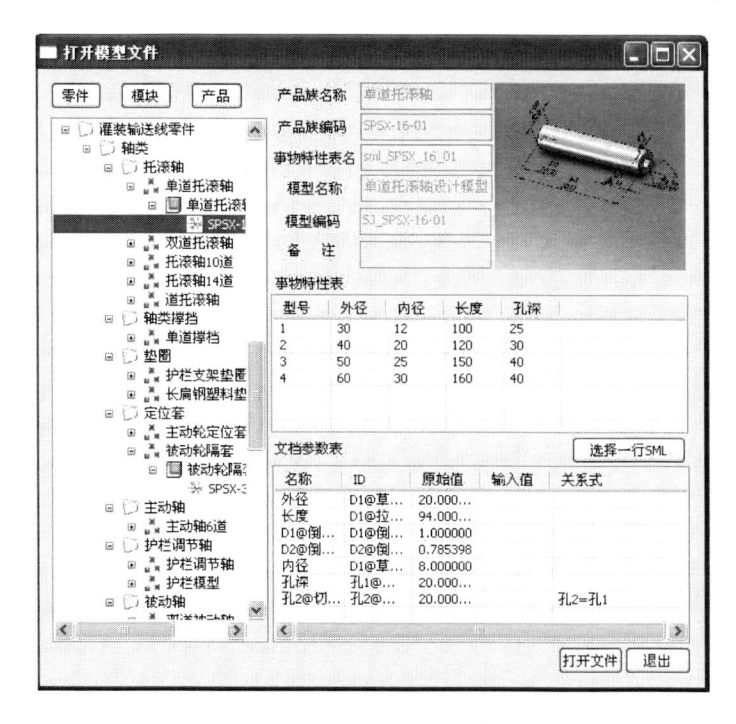

圖 3.38 零件系列化設計軟件界面

圖 3.39 顯示為輸送線部件系列化設計軟件界面，通過平臺提供的系列化功能可以對部件的組成模型進行添加，同時可添加部件的事物特性表，用於儲存部件的組成零部件信息及裝配約束關係表達式。

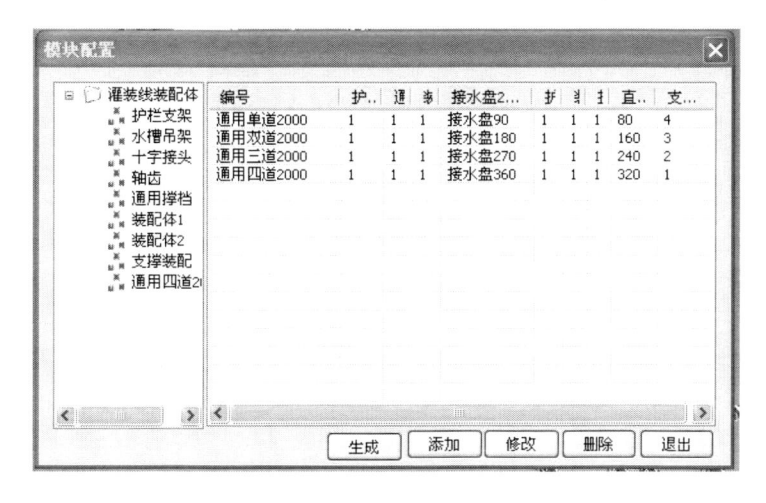

圖 3.39　部件系列化設計軟件界面

3.5　本章小結

　　本章對灌裝輸送線產品集成化建模設計進行了研究，分析了灌裝輸送線零部件特點，通過建立事物特性表（SML）及對零件幾何約束表達和滿足的關係式對零件進行參數化建模；利用配置技術對輸送線部件建模，通過面向對象的方法和相似度計算對部件進行建模配置；對於灌裝輸送線零部件具有相似性，根據相似性原理，對輸送線零部件進行系列化設計，提取系列化零件族的基型零件，將系列化設計結果儲存於零件族 SML 表中，通過基型零件主模型和零件族 SML 表實現零部件的系列化設計。

　　本章另外還分析了灌裝輸送線零件建模、部件建模、產品系列化的流程，通過過程優化對零件建模工具、部件建模工具、產品系列化工具進行了設計和開發。

第四章

基於平臺的灌裝輸送線數字化設計

【摘要】本章利用項目組設計開發的灌裝輸送線數字化設計平臺對灌裝輸送線進行了設計，通過基於實例的方法對平臺提供的佈局設計、結構設計、運行設計功能進行了演示，利用基於事物特性表的方法對灌裝輸送線部件變型、零部件協同變型方法進行了研究，對軟件平臺實現變型功能進行了設計，開發了部件變型設計及零部件協同變型設計的原型系統。

4.1 灌裝輸送線數字化設計核心內容及其支撐

4.1.1 灌裝輸送線數字化設計平臺運行環境及支撐要素

本項目研究開發的灌裝輸送線數字化設計平臺基於 Windows 操作系統，利用 VC++對 SolidWorks 軟件提供的 API 接口函數進行二次開發，數據庫軟件採用 SQL Server 2000，平臺開發完成後經過測試，可完整用於灌裝輸送線產品建模和設計。軟件平臺所需支撐環境為 Windows、SolidWorks，在使用

該軟件平臺時，可以與 SolidWorks 相互調用，利用 SolidWorks 的建模功能和軟件平臺提供的二次開發功能建立零部件庫，在零部件設計時對零部件庫中的模型進行調用。此外，還建立了輸送線設備庫和輸送線組成單元庫。在佈局設計時，這些庫可完整支持灌裝輸送線的佈局設計，在運行設計時，採用 Witness 仿真技術對佈局設計及結構設計的結果進行模型仿真，設定相應參數進行調試試驗，直到調試成功生成設計方案為止。

灌裝輸送線數字化設計的支撐要素主要為零部件庫、輸送單元庫、設備庫，在輸送線設計的各個階段均需要這些知識庫的支持。

4.1.2　灌裝輸送線數字化設計核心內容

灌裝輸送線數字化設計核心內容包括了佈局設計、結構設計和運行設計。佈局設計的內容為：①根據車間佈局，確定各工作站的位置，完成灌裝輸送線的總體佈局設計；②根據產能要求和各工作站的產能數據，進行輸送線主參數的設計；③設計連接兩個工作站之間的輸送單元參數，如長度、寬度、速度等；④輸送單元結構設計；⑤輸送線緩衝區的設計，包括緩衝區的大小、位置等；⑥對輸送線的其他零部件進行設計。

（1）佈局設計

佈局設計是滿足生產要求的大前提，佈局設計需要滿足的約束條件主要為生產車間空間的大小以及灌裝輸送線產能的要求。傳統佈局設計的方法採用現場調試的辦法進行，該方法需要設計人員擁有豐富的設計經驗，且需要將相應輸送線設備和輸送單元按設計總體要求進行現場組裝和調試，根據現場試驗的結果對佈局設計進行調整。這種方法有兩大缺點不利於灌裝輸送線的快速設計，一是要求設計人員具有豐富的現場調試安裝經驗；二是設計結果的修正難度大，設計效率不高。當企業

進行戰略擴張時，往往對灌裝輸送線的需求也迫切提高，要求在最短的時間內完成灌裝輸送線的設計，傳統做法對新建或調整一條灌裝輸送線調試運行的時間往往達到好幾個月，只有用現代技術手段對傳統方法加以改造，才能適應市場的發展，及時回應市場的需求。

本書採用基於虛擬現實技術的面向對象的方法對灌裝輸送線進行設計，可以快速實現灌裝輸送線的佈局，達到與真實效果並無二致的結果。

（2）結構設計

在灌裝輸送線佈局設計確定的前提下，根據灌裝輸送線所需設備進行選取，通常灌裝輸送線專用設備的提供由供應商提供，設計時根據參數要求選取即可。具體結構設計主要是對輸送單元組成結構進行設計，按照設計要求製造非標準化的輸送單元，滿足整條灌裝輸送線的輸送能力要求。

（3）運行設計

灌裝輸送線運行設計時根據佈局設計生成的輸送線佈局模型，將佈局模型設計結果以及結構設計生成的設計模型導入運行仿真環境，對仿真對象添加參數及仿真對象間的約束關係，利用仿真的手段發現設計中存在的問題，從而減少甚至消除設計方案中的錯誤，實現灌裝輸送線的無紙化設計。

4.1.3 灌裝輸送線不同設計內容所需支持軟件

在灌裝輸送線設計過程中，需要用到的工具如下：

①佈局設計所需建模工具：SolidWorks。②結構設計所需建模工具：SolidWorks、SML表、零部件系列化管理功能。③運行設計所需建模工具：Witness、SolidWorks等。

佈局設計階段，通過選用輸送線設備庫中的工作站設備以及輸送單元庫中輸送單元，還有零部件庫中的零部件，對佈局設計進行佈局支持。

4.2 基於平臺的灌裝輸送線設計技術

4.2.1 基於設計知識庫的灌裝輸送線佈局設計

在對灌裝輸送線進行佈局設計時，傳統的做法是利用二維圖進行設計，依靠設計人員的經驗進行調試和判斷。本書則採用面向對象的虛擬現實技術，通過在輸送線設計平臺中構造的知識庫實現設計知識的重用。設計時需要用到的知識庫模型包括灌裝輸送線佈局模型、輸送線設備模型、輸送線輸送單元模型、輸送線零部件模型等模型。這些模型分別儲存於佈局模型庫、設備庫、輸送單元庫、零部件庫中。佈局設計需要考慮模型的層次結構以及模型與模型之間的接口，需要對接口進行設計，接口參數需要符合技術要求，以實現模型之間的順利對接。灌裝輸送線佈局設計的主要內容包括：

（1）灌裝輸送線生產工藝分析

以本項目所依託的企業某條灌裝輸送線生產工藝為例（輸送線平面佈局見本章圖2.1），灌裝輸送線生產工藝包括了工序1利用混比機進行混比和工序2利用輸瓶機進行輸瓶兩個工序，當輸瓶和混比完成後，進入到工序3灌裝。灌裝的飲料瓶通過工序4進行冷卻，冷卻後進行工序5套標，同時設立工序4冷卻與工序5套標之間的緩衝區。工序5套標之後是工序6鼓風吹乾機將套標完成的飲料瓶外部吹乾。之後進入工序7分瓶，通過分瓶機完成一分六的工序操作。工序8包裝緊接工序7，工序9輸箱機輸箱這一工序則和工序7分瓶同步完成。工序8包裝之後是工序10封箱，在工序10封箱這一環節，利用帶阻箱膠帶對已經包裝完成的飲料瓶進行封箱包裝，形成成箱的成品。

（2）灌裝輸送線資源規劃

灌裝輸送線已有資源包括組成灌裝輸送線的各種設備，如灌裝機、冷卻機、套標機、包裝機、封箱機、輸送線組成單元、人員、進入灌裝輸送生產線的飲料的流量、種類等，以及空瓶供給量、空箱供給量，還有人員配置，各種設備的性能參數等。

（3）灌裝輸送線佈局規則

灌裝輸送線在進行佈局時根據合理化規則進行佈局，此外，由於灌裝輸送線的特殊性，需要按照國家標準「QB/T2633-2004 飲料熱灌裝生產線」和「QB/T 2734-2005 聚酯（PET）瓶裝飲料生產線」進行佈局設計。這兩項標準對灌裝輸送線的組成、生產線效率、工作條件、單機要求等做了規定，劃定了公稱生產能力設備，並對其餘設備的生產能力相對於工程生產能力的百分比作了要求，如輸瓶系統的生產能力應該為生產線公稱能力的 115%～140%，生產線的效率應該大於 85%。

（4）灌裝輸送線物流設計

依據灌裝輸送線佈局規則以及企業產能要求需要對灌裝輸送線物流進行設計。在設計時首先選取公稱生產能力設備，依據「QB/T2633-2004 飲料熱灌裝生產線」和「QB/T 2734-2005 聚酯（PET）瓶裝飲料生產線」兩項國家標準，在圖 2.1 這一灌裝輸送線系統中選取工序 3 的灌裝機作為公稱生產能力設備。

（5）灌裝輸送線瓶頸分析

制約灌裝輸送線生產率的提升往往是所有工序當中的瓶頸環節，通過對灌裝輸送線所有工序的生產能力進行分析，我們發現灌裝輸送線瓶頸即為公稱生產能力設備，在設計時需要首先保證瓶頸工序的生產能力及設備維護，以期達到整條灌裝輸送線較高的生產率。

(6) 灌裝輸送線調度與控制優化策略

灌裝輸送線屬於流程型和離散製造混合型生產線，當灌裝輸送線中的某一設備出現故障時，往往整條生產線都處於停滯狀態。如何通過在線監控和仿真的方法對灌裝輸送線的故障進行預判，以及通過快速修復技術修復故障輸送線，是當前研究的難點。通過預判、在線監控技術、快速修復技術，可以對灌裝輸送線的生產調度進行改善，提高優化控制能力。

(7) 灌裝輸送線佈局重構

根據灌裝輸送線的佈局模型，再利用仿真的方法對佈局模型進行仿真運行，通過調節運行參數達到最佳性能，同時也可通過仿真的方法對現有灌裝輸送線的運行進行模擬仿真，修正提高灌裝輸送線的佈局設置，對灌裝輸送線進行佈局重構。

圖4.1是某企業集團一條灌裝輸送線的三維總體佈局效果圖。

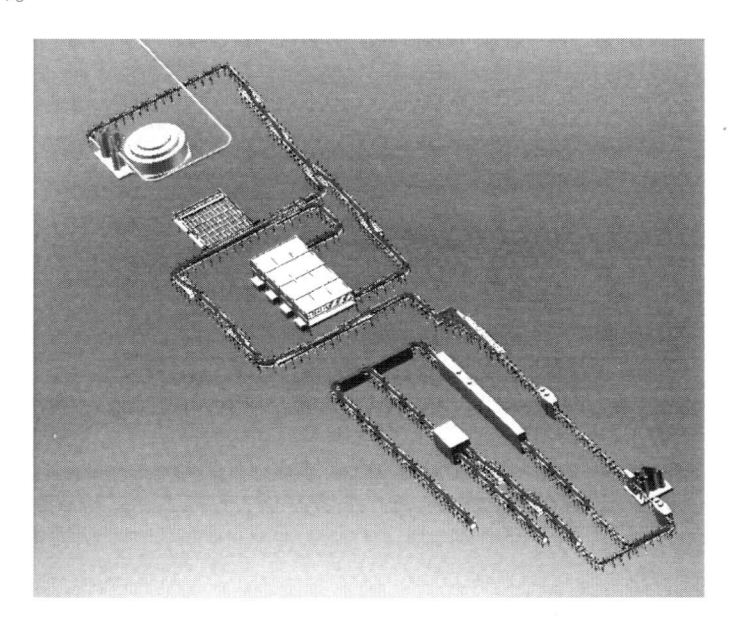

圖4.1　灌裝輸送線三維總體佈局圖

4.2.2 基於目標優化的灌裝輸送線佈局分析

在完成灌裝輸送線佈局設計模型草圖之後，需要對佈局設計模型進行佈局分析和仿真分析，利用人因工程學方法對佈局設計的初步結果進行調整。將灌裝輸送線中所涉及的人、機、料、物、法、環六大因素進行分析，對輸送線的平衡能力進行測算，採用4C（取消、簡化、合併、重排）原則對輸送線的空間物理設置結果進行改善。

此外，還需要對灌裝輸送線上各設備及輸送單元的參數進行設置，每一組參數的設定都意味著不同的仿真結果，此時需要利用已有的參數設置方案進行修整調試，設定目標函數值，以期獲得最佳的仿真結果。以本章剛開始所述灌裝輸送線為例，將該灌裝輸送線模擬簡化為如圖4.2所示的灌裝輸送線仿真圖，採用簡化的方法對該仿真圖進行優化設計。

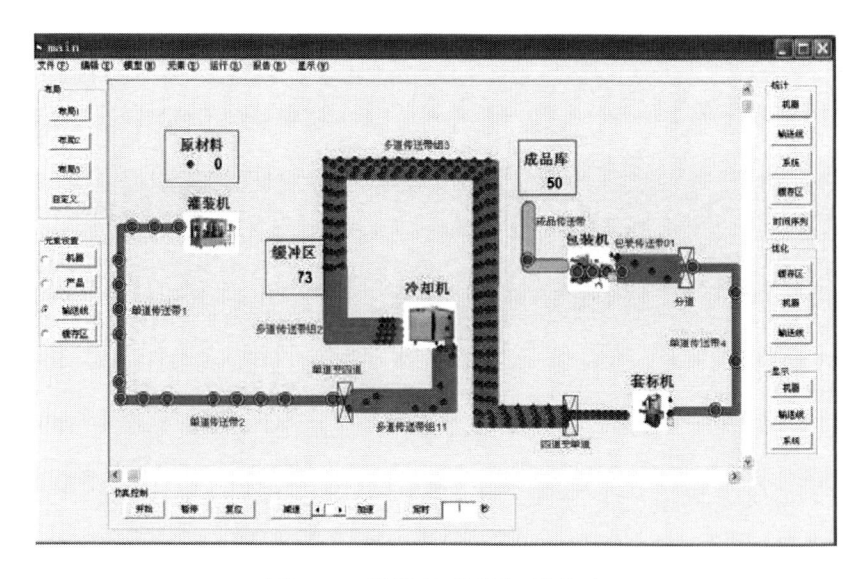

圖4.2 灌裝輸送線設計仿真

優化設計的步驟如下：

（1）灌裝輸送線佈局數學模型的建立；

(2）灌裝輸送線目標函數的確定；

(3）灌裝輸送線佈局多目標優化；

假定灌裝輸送線的目標函數設為 P，則 P 需滿足以下條件：

$P = M(G)$

其中 G 包含的元素為設備、輸送線組成單元，灌裝產品的包裝規格、灌裝工藝等。

4.2.3 快速回應佈局需求的結構設計

灌裝輸送線結構設計需要考慮佈局和仿真的結果，根據佈局和仿真的需求進行結構設計。輸送線結構設計採用的是自頂向下（Top-Down）的方法來進行，佈局設計完成後將設計模型傳遞給仿真設計人員，然後將佈局設計結果反饋給結構設計人員，結構設計人員根據佈局設計的總體要求以及測試仿真的反饋結果對結構進行詳細設計和調整，並將設計結果傳遞給製造部門進行製造，零部件選擇外協或者外購，則將設計結果反饋給採購部門。

灌裝輸送線的組成如圖 4.3 所示。灌裝輸送線包含了輸送單元，輸送單元由灌裝輸送線部件組成，灌裝輸送線部件由輸送線零件組成。輸送線結構設計主要針對輸送線零件、部件和輸送單元進行設計，結構設計是灌裝輸送線設計的最重要環節之一，結構設計的結果對於減少灌裝輸送線平均無故障時間、提高生產率具有極大的促進作用。

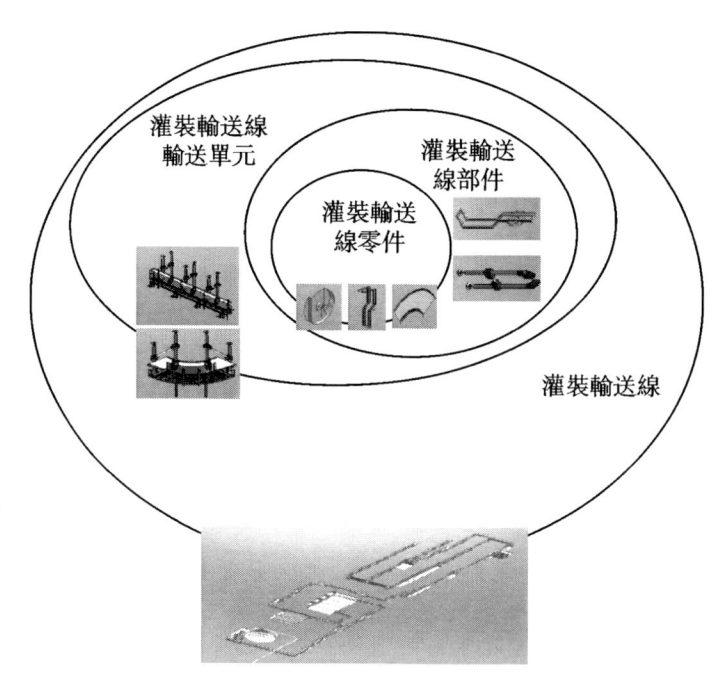

圖 4.3 灌裝輸送線組成包含關係示意圖

4.3 支持佈局設計的輸送線部件變型設計

　　灌裝輸送線的部件設計需要支持灌裝輸送線的佈局設計，按照佈局設計總體要求對灌裝輸送線零部件進行設計。設計時，從灌裝輸送線總體 BOM 表結構中獲得需要進行結構設計的零部件及輸送單元種類和數量。根據佈局設計總體要求得到單個零部件或輸送單元的設計要求。圖 4.4 為灌裝輸送線零部件結構設計任務分解示意圖，灌裝輸送線佈局設計的前提是完成灌裝輸送線零部件設計，同時灌裝輸送線佈局設計的結果又會反饋給輸送線零部件設計。灌裝輸送線佈局設計完成後，則進行灌裝輸送線佈局模型運行仿真，仿真的結果反饋給灌裝輸送線佈局設計和灌裝輸送線零部件設計。其中灌裝輸送線零部

件結構設計是基礎。

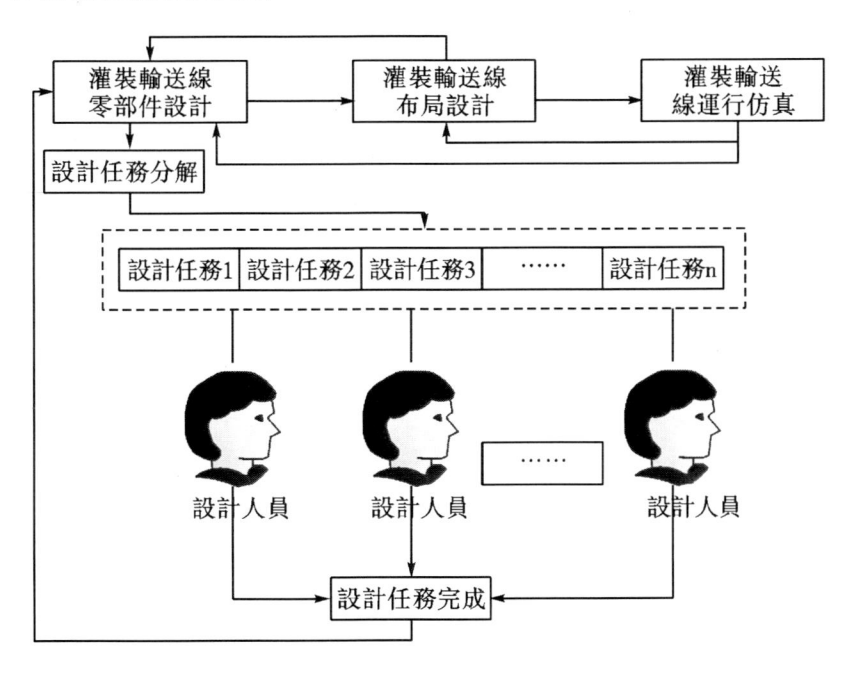

圖 4.4　零部件結構設計任務分解

在對灌裝輸送線零部件及輸送單元進行結構設計時，本書利用基於事物特性表（SML）的變型設計方法來實現零部件及輸送單元的快速設計和對設計結果重用。

4.3.1　基於事物特性表（SML）的變型設計原理

利用事物特性表的參數化驅動，以及 SolidWorks 三維設計軟件提供的 API 接口，可以設計事物特性表的內容和格式，根據輸入的內容和格式，完成輸入以及事物特性表驅動變型技術。

圖 4.5 揭示了基於 SML 表的產品變型設計的原理，圖示為典型回轉類零件的集成化產品模型，根據集成化產品數據模型（由產品的主模型和各種主文檔組成），選擇 SML 表中某一行數據，利用變型設計工具，生成三維 CAD 模型等實例，並

通過與相關係統和設備的集成，完成產品設計和仿真分析。

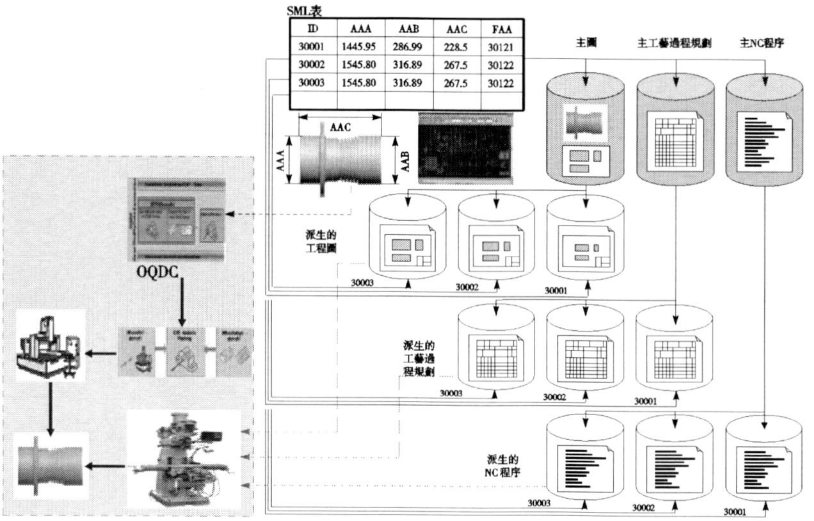

圖 4.5　基於 SML 的產品變型設計與製造的原理[57]

上述為基於 SML 的 CAD 幾何尺寸變型設計技術，基於 SML 的 CAD 變型設計技術還包括拓撲結構變型和零部件協同變型設計兩種情況。三種變型設計技術中幾何尺寸變型主要通過幾何尺寸驅動，在參數化三維 CAD 系統的支持下可以比較方便地實現。

4.3.2　支持佈局的部件變型設計過程建模

灌裝輸送線變型設計包括了輸送線零件的變型設計和部件的變型設計，部件變型設計主要通過選取部件庫及零件庫中不同的零部件，利用配置技術生成不同的部件配置模型實現部件的變型設計。支持佈局的部件變型設計主要原理如下：

灌裝輸送線的部件變型設計用於支持灌裝輸送線佈局設計，在進行部件變型設計時，需要由佈局設計總體方案得到部件變型設計的設計要求。

(1) 部件變型設計過程

部件的變型設計過程分為選擇產品模型、定義產品基本信息、輸入可變參數值、生成並顯示產品、修改產品、修改產品變型設計中生成的新零件、新零件提交、產品完成提交。

部件變型設計首先是基於配置技術的，此外部件級變型還涉及組成部件的零件級變型，因此實現灌裝輸送線部件級變型的難度和流程相比零件級變型要複雜得多。圖4.6詳細闡述了部件級變型設計實現流程。首先根據佈局設計任務對部件設計需求進行分析，得到部件的變型設計任務。之後在灌裝輸送線數字化設計平臺提供的部件庫中查找相似部件實例，如部件實例庫中有相似部件實例則通過改變部件裝配尺寸SML表的方法得到所需部件，形成滿足要求的部件，完成設計任務。同時將新生成的部件實例儲存於部件實例庫中。

進行部件設計時如在部件實例庫中未能找到相似的部件實例，則查找部件模型庫中是否有與設計任務相似的部件模型，如部件模型庫中有相似的部件模型，則通過對模型參數進行添加確定後進行部件分解。將部件分解後的組成零件分別查找平臺零件模型庫和零件實例庫，如零件模型庫或零件實例庫中擁有所需零件，則根據部件設計的要求確定不需要改變尺寸等參數的不變零件，以及需要改變尺寸等參數的相似零件或相似模型，通過零件參數分析進行零件變型設計，此時需要用到零件的事物特性表和零件的幾何約束關係表達式。如平臺提供的零件實例庫或零件模型庫中沒有所需要的零部件，則進行新的設計，以滿足部件裝配的需求。

當組成部件的所有零部件已經全部確定以後，則進行部件裝配。進行部件裝配時需要考慮部件的裝配特性、部件的幾何約束關係以及部件的幾何特徵，最終按照設計要求完成部件的設計，形成滿足要求的部件後結束設計任務，並將部件設計的實例結果儲存於平臺部件實例庫中。

灌裝輸送線數字化設計平臺研究與開發

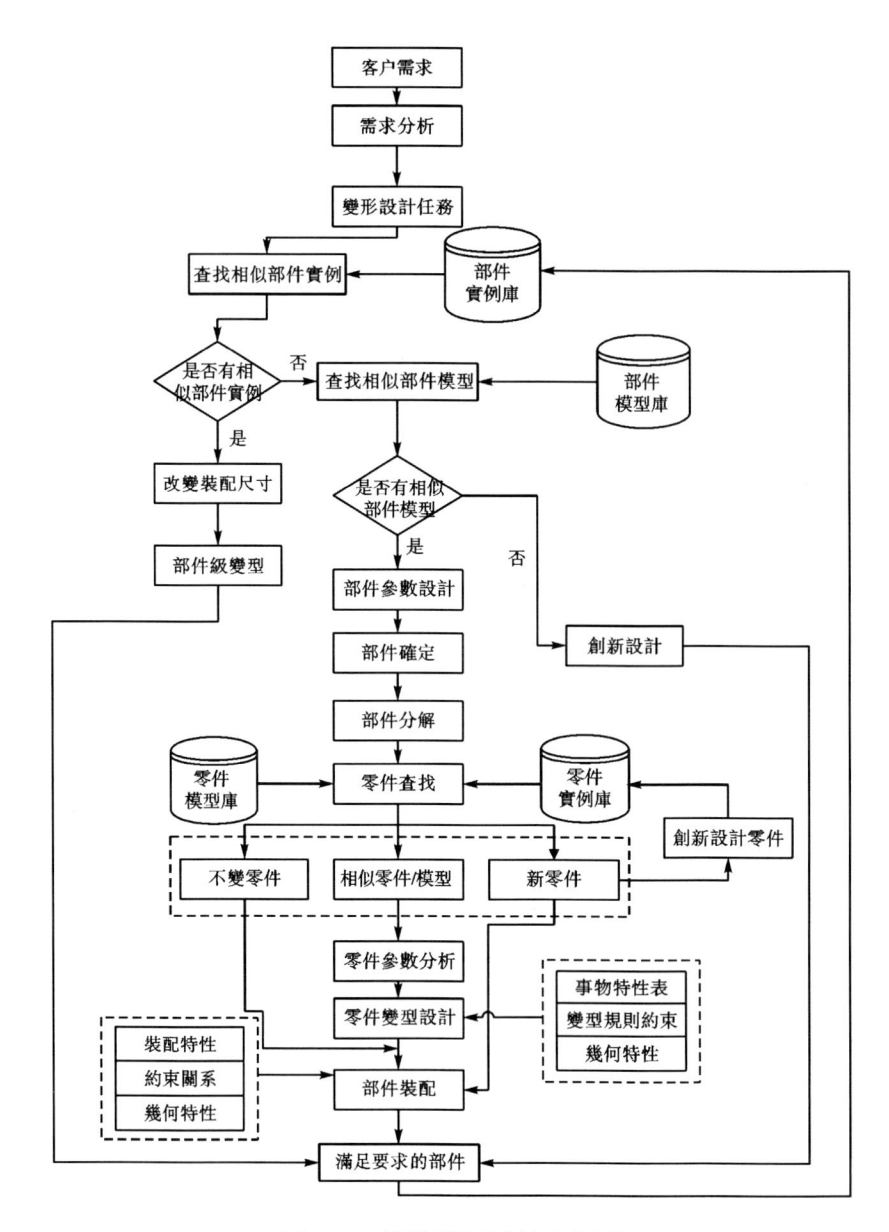

圖 4.6　部件變型設計流程圖

　　灌裝輸送線部件變型設計數據流如圖 4.7 所示。圖中描述了灌裝輸送線部件變型設計過程中各節點間的數據流向。根據部件變型設計要求從產品庫中查找所需部件，同時得到部件的

相關參數表（SML 表，主文檔等）。之後檢查部件 BOM 表是否符合設計任務的要求，如部件 BOM 組成達不到設計任務的要求，則對 BOM 表進行添加，並更新部件 BOM 表。如部件組成 BOM 結構中某一個或幾個零件不符合總體結構設計任務，則按照幾何變型或拓撲變型的方法定義零件變型規則，對零件的設計尺寸、精度等進行修改，將修改後的零件儲存於零件庫中，並將修改後的單個或多個零件重新配置生成部件，完成部件的設計任務。

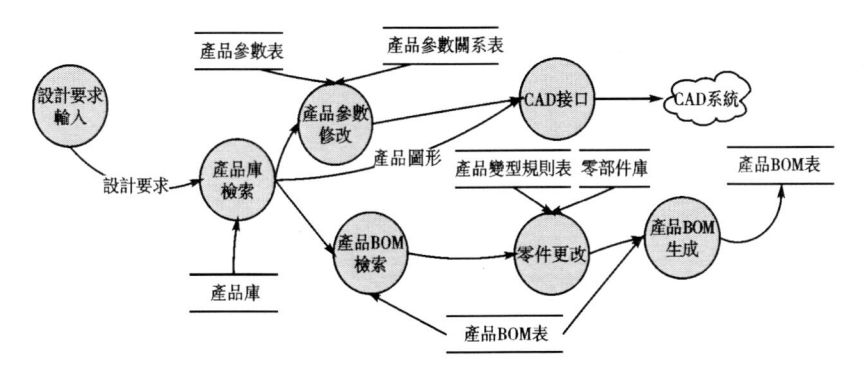

圖 4.7 灌裝輸送線部件變型設計數據流圖

根據以上部件變型的流程分析，部件變型設計功能模型包括部件模型和部件實例查找、零件模型和零件實例查找、部件變型設計、部件配置設計。圖 4.8 為零件建模功能模型圖。

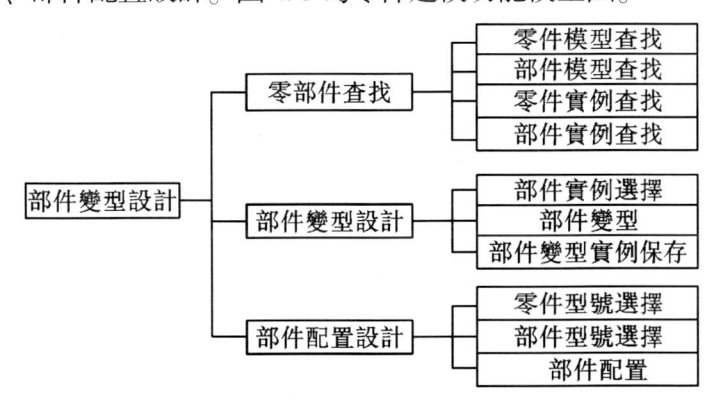

圖 4.8 部件變型的功能模型

（2）部件配置設計

部件的配置設計包括零部件型號的選擇、部件的配置。灌裝輸送線部件變型設計分析如圖 4.9 所示。在對灌裝輸送

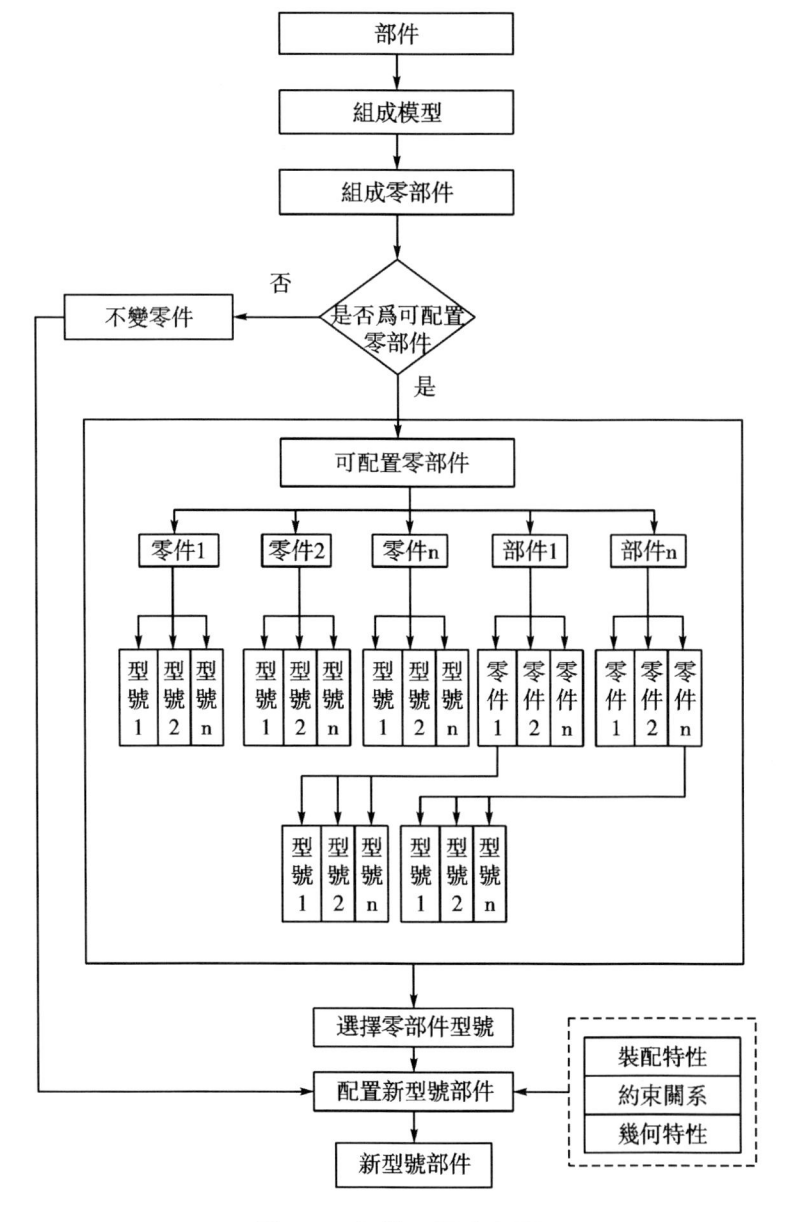

圖 4.9 部件配置流程圖

線部件模型進行變型設計時，首先選擇部件組成零部件，再對組成部件模型零部件進行分類判斷，判斷其是否屬於可變零部件。對於不可變零件，則根據需要進行選取。對於可變零部件，則在零部件庫中選取所需型號的零部件，如果零部件庫中沒有對應的所需的零部件型號，則利用基於事物特性表的方法對可變零部件進行變型設計，並將生成新的零部件儲存於零部件庫中。

部件配置設計的數據表及其關係如圖 4.10 所示。數據表主要包括部件實例主表、事物特性表、部件分類表、部件文檔表、部件組成表、部件 BOM 表、零件實例表。

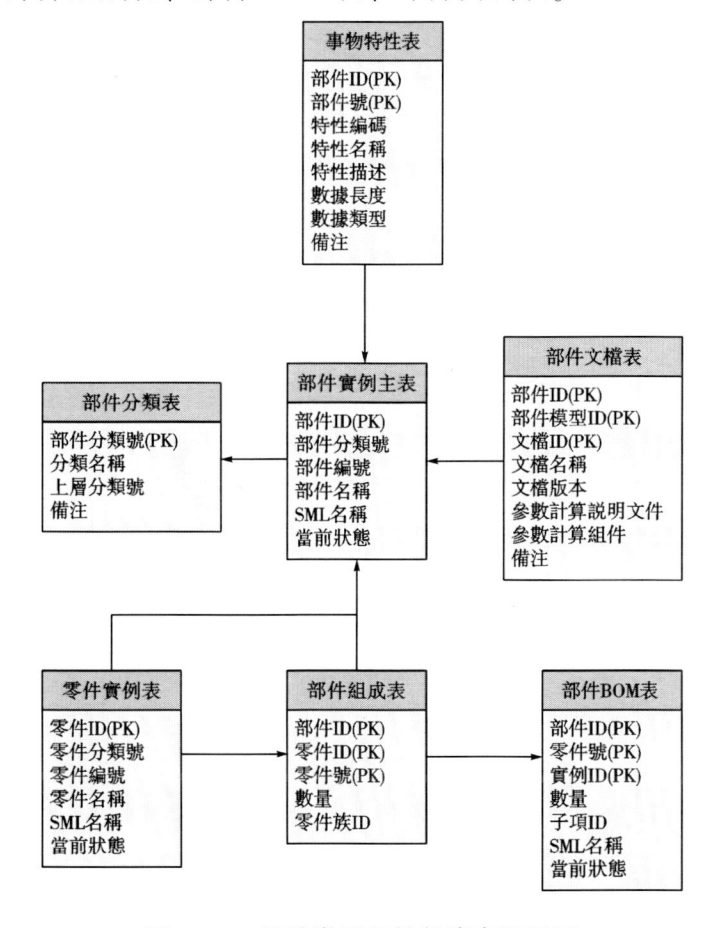

圖 4.10　部件變型設計數據表關係圖

4.3.3 部件變型設計軟件功能的實現

支持佈局的部件變型設計的軟件界面如圖 4.11 所示。

圖 4.11　部件變型設計軟件功能界面

圖 4.11 部件變型設計軟件界面及功能說明：

（1）左邊樹形區：顯示配裝體族的模型名稱。

（2）右邊表格區：顯示裝配體的配置零件。

以灌裝輸送線通用道 2000 為例，在部件變型設計功能界面中，點擊「添加」按鈕，則可以配置部件裝配體的組成零部件，功能界面見圖 4.12。

圖 4.12　部件變型設計添加組成零部件

圖 4.12 添加零部件界面功能說明：

（1）界面上面部分顯示部件的型號，該型號名稱為裝配尺寸的型號對應。

（2）界面下邊表部分顯示裝配體的配置零部件。

單擊選中列表中的某一模型名稱，然後點擊「選擇」按鈕，進行零部件模型的實例選擇。界面見圖 4.13。

圖 4.13　部件裝配體組成零件實例選擇

圖 4.13 選擇零件實例界面功能說明：

表中顯示選擇零部件添加的所有事物特性實例，選中表中所需的實例數據後，點擊「確定」按鈕。當裝配體的所有零部件都選好後，回到圖 4.11，則新配置的部件型號就顯示在部件配置表中。選中表中某行數據，然後點擊「生成」按鈕，將生成所需的部件裝配體。圖 4.14 為灌裝輸送線部件變型設計完整實現界面。

圖 4.14　支持佈局的灌裝輸送線部件變型

4.4　基於灌裝輸送線佈局的零部件協同變型設計

4.4.1　零部件協同變型設計技術

(1) 零部件協同變型設計技術概述

零部件協同變型分為橫向協同變型和縱向協同變型，其中橫向協同變型是指相鄰兩個存在裝配關係的模塊之間的協同變型，縱向協同變型是指同一模塊不同設計階段的協同[58]。基於 SML 表的零部件協同變型設計技術主要是根據用戶或設計人員的需要，由用戶或設計人員輸入產品零部件的主要參數，產品協同變型設計系統就能借助於 SML 表驅動參數型 CAD 系統中產品零部件主模型的參數表，快速地、及時地生成滿足用戶要求的個性化產品零部件圖紙。

不同層次的 SML 表實現了對不同零部件主模型對象的數據及其關係的抽象定義，各個 SML 表之間相互關聯、制約，

為零部件的協同變型設計提供依據；零部件的模型文件通過 SML 表在邏輯上聯繫在一起。部件 SML 表中的每一行包括了屬於該部件變型的各個零件變型的標示號，部件事物特性表用一個引用指針指向有關零件的 SML 表。部件與其子部件的關係同樣用引用指針將部件之間的約束關係加以關聯。借助於 SML 表驅動參數化 CAD 系統中三維幾何模型的變量表，可以快速完成部件級的零部件協同變型設計。圖 4.15 以部件手柄為例說明了基於 SML 表的零部件協同變型設計的原理。

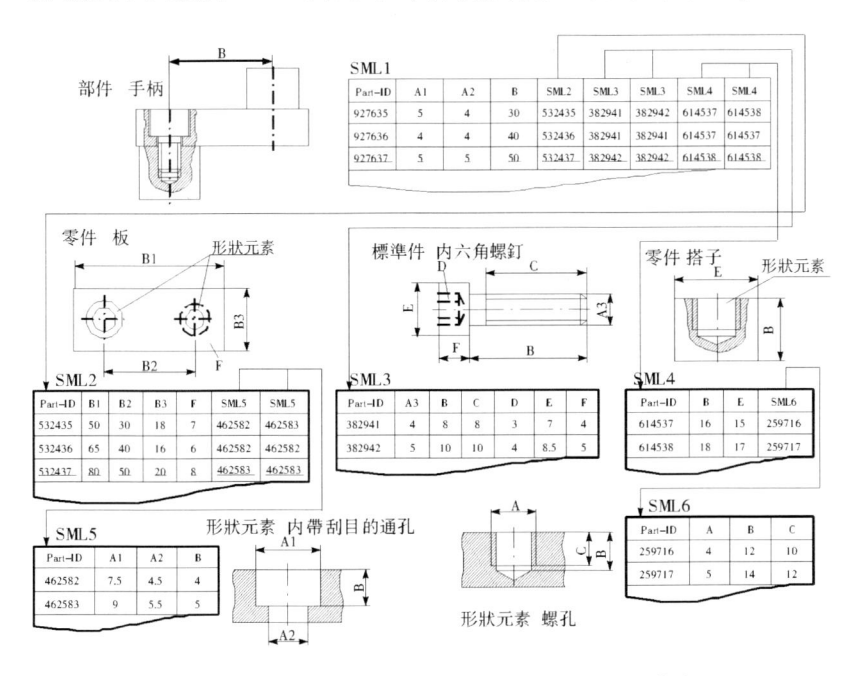

圖 4.15 零部件協同變型設計的技術原理[34]

（2）灌裝輸送線佈局設計與結構設計之間的協同變型

協同變型設計作為常用的變型設計的方法，在灌裝輸送線佈局設計及結構設計時可以發揮有效的作用。協同設計又分為橫向協同以及縱向協同，根據工程設計任務中分工的不同，橫向協同變型是指相鄰兩個存在裝配關係的模塊之間的協同變型，縱向協同變型是指同一模塊不同設計階段的協同。

裝配體的組成都是通過零部件按照一定裝配約束關係形成的，輸送線裝配體變型，此變型方法涉及輸送線零部件的陣列變型，如通用輸送道的變型。灌裝輸送線中非標準輸送帶的設計首先在零部件庫中選中基本的族模型，通過原型系統的變型功能實現零部件的變型。比如一根 16.8m 的輸送帶，設計人員可以在標準系列化庫中選擇一根 5m 系列的輸送帶和一根 10m 系列的輸送帶，剩下的 1.8m，設計人員則可以選擇零部件的族模型，應用變型設計功能工具變成 1.8m 的輸送帶，這樣用戶就可以採用模塊化組成的方式搭建成 16.8m 輸送帶了。輸送帶是一裝配體，用 SolidWorks 二次開發中 API 中的 InsertDerivedPattern 函數，首先需要一個輸送帶裝配體的陣列的特徵，然後通過這個陣列的特徵去陣列零件，也可以根據需要陣列子裝配體。所以運用該功能，輸送線的設計人員可以根據需要選擇庫模型中的族模型，變成同形狀自己想要的長度。

4.4.2 基於佈局的零部件協同變型

4.4.2.1 零件的變型

零件的變型設計是基於零件幾何參數以及參數之間的幾何約束的，實現零件變型設計過程分為選擇零件模型、定義零件基本信息、輸入可變參數值、生成並顯示零件、修改零件、生成三維圖紙、修改確定三維圖紙、零件設計完成提交等步驟。

圖 4.16 描述了輸送線零件變型設計的主要流程，首先根據設計需求對所需設計的零件在零件模型庫中查找，找到相關零件模型後確定零件模型的事物特性表（SML）的參數值，以及表達事物特性表中不同參數之間約束關係的關係式，通過建立變型規則對 SML 表中相應的值進行修改，對表達零件幾何約束的關係式進行確定，之後通過 SolidWorks 提供的 API 接口實現模型或實例的變型設計，並將設計生成的零件實例儲存於實例庫中，在對零件設計知識進行重用時加以利用。

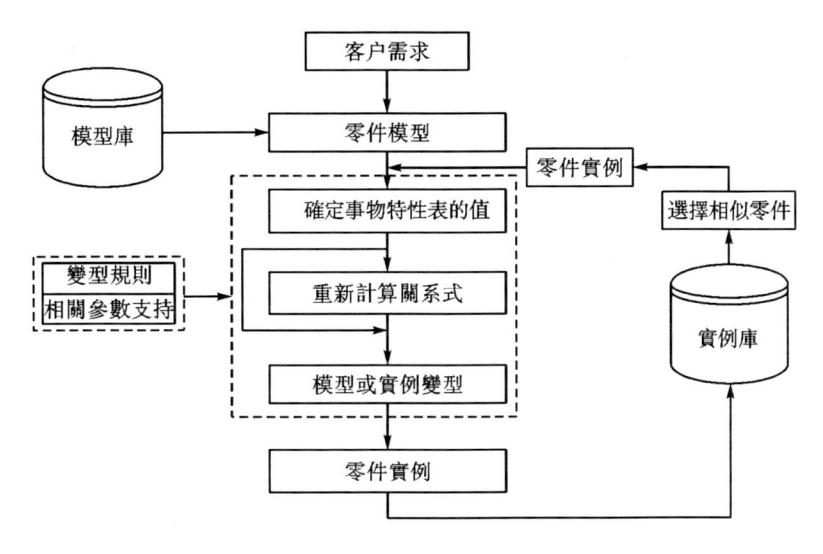

圖 4.16　零件變型設計流程

根據以上零件變型的流程分析，零件變型設計包括零件模型和零件實例查找、零件變型設計、零件創新設計。圖 4.17 為零件設計功能模型圖。

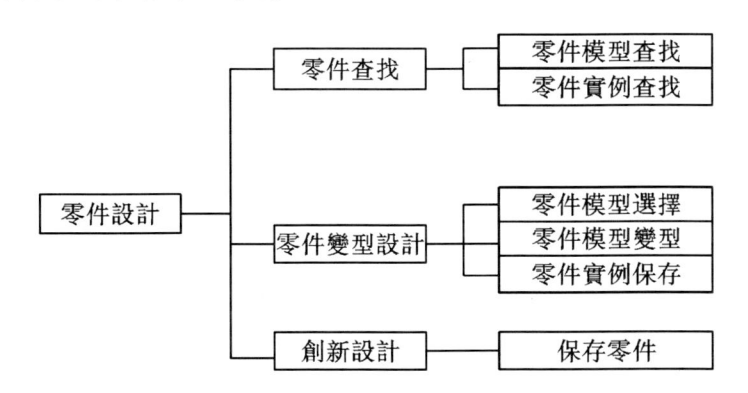

圖 4.17　零件變型設計功能模型

零件變型設計包括零件模型的選擇、零件模型變型、零件實例的保存。

零件變型設計的數據表及其關係如圖 4.18 所示。主要包括零件實例信息表、零件文檔表、零件分類表、零件事物特性

表實例值。

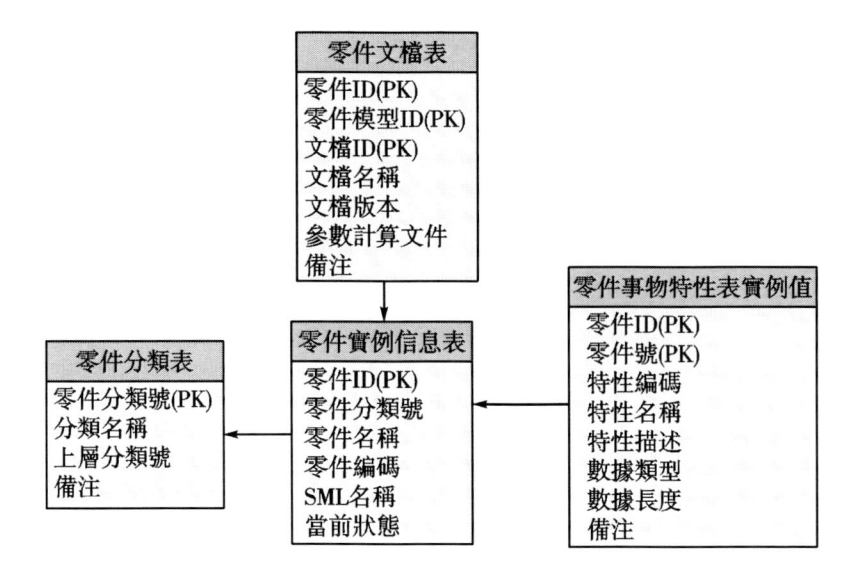

圖 4.18　零件變型設計數據表關係圖

4.4.2.2　改變部件裝配體組成零件的幾何形狀

當組成裝配體的零部件的幾何尺寸發生改變時，發生尺寸改變的零部件將驅動裝配體的其他組成零部件發生相應的幾何尺寸的變化，從而組成新型號的裝配體。

圖 4.19 是灌裝輸送線零部件協同變型設計流程圖，通過對組成結構複雜的灌裝輸送單元進行零部件組成分析，以及對設計目的的要求，對輸送單元中組成零部件進行分析，通過數個零部件的變型，驅動整個輸送單元的變型。

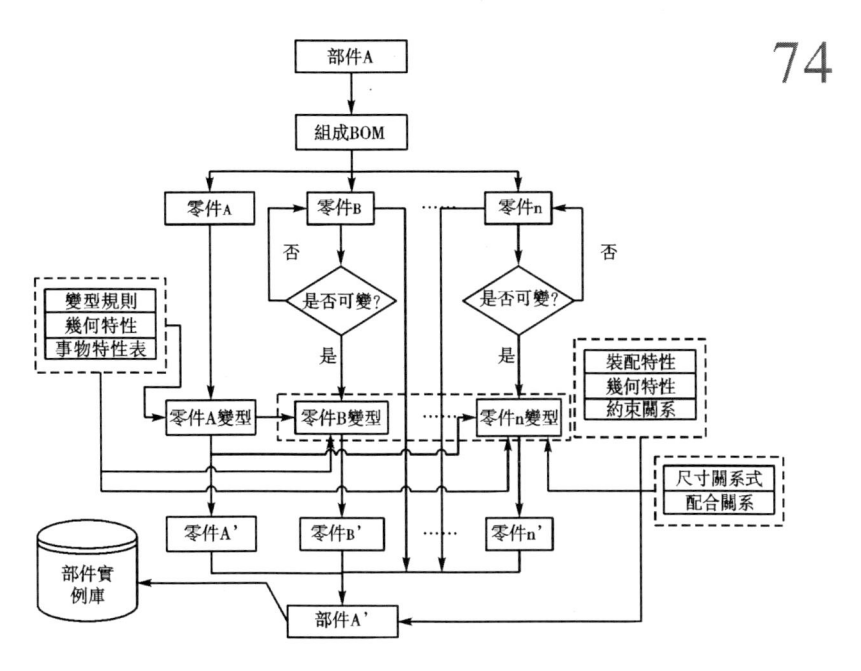

圖 4.19　灌裝輸送線零部件協同變型設計流程圖

4.4.2.3　通過組成零件的改變驅動零部件協同變型

協同變型的尺寸變化關係描述：獲得打開部件的裝配關係、裝配尺寸、裝配關係式、組成零部件的相關信息。當組成零部件的尺寸發生變化時，首先根據變化尺寸所在的零件的關係式計算零件其他相關可變尺寸的值，然後再根據裝配體的關係式計算其他組成零件的與變化尺寸有關的相關可變尺寸的變化，當計算完所有尺寸後，驅動部件組成零件變型，根據裝配關係從而驅動整個部件變型。根據一系列的計算結果可以形成新系列的部件配置模型，如圖 4.20 所示。

圖 4.21 為灌裝輸送線零部件協同變型的原理圖，左邊為結構設計模型，以及結構設計模型的事物特性表。通過選中結構設計模型中事務特性表的相應數值，對可變零件的參數進行更改，同時零件尺寸參數的改變帶動整個輸送單元的結構改變，形成零部件間的協同變型。

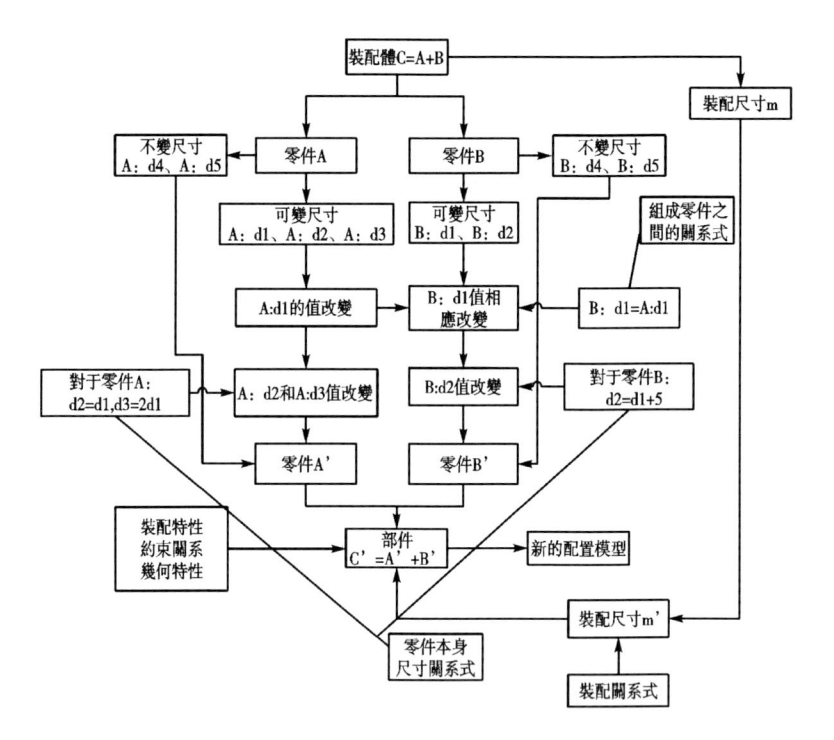

圖 4.20　協同變型的尺寸變化關係圖

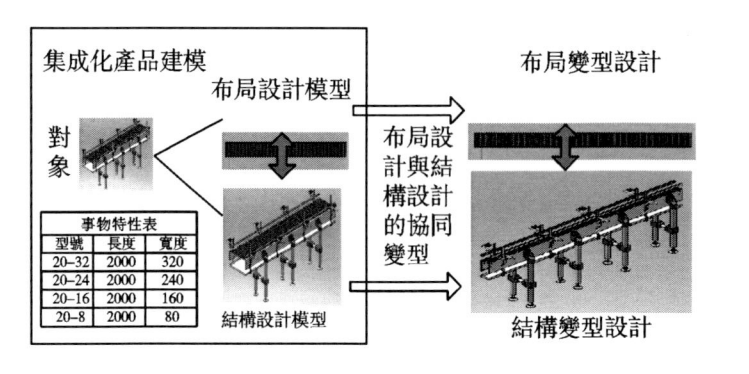

圖 4.21　基於集成化產品模型縱向協同變型設計

4.4.3　零部件協同變型設計實現

　　這裡以灌裝輸送線通用四道 2000 變為通用四道 2440 為例說明零部件協同變型的整體過程。零部件協同變型設計功能界面圖如圖 4.22 所示，在圖 4.22 中，左邊區域是顯示通用四道 2000 的裝配模型樹，其中有裝配體中所有零件種類和數量以及配合關係，右下區域顯示為部件的裝配尺寸中的可變尺寸，以及部件的所有關係式集合，這裡顯示的是通用四道 2000 的裝配尺寸和定義的全部關係式，包括裝配尺寸的關係式以及零部件之間的關係式，比如接水盤：D1 = 直平行墊板：D1。用戶可以在此界面根據需要改變部件的裝配尺寸的值，點擊「生成」按鈕，原部件將按部件裝配關係生成不同裝配尺寸的部件裝配體。

　　當鼠標點擊圖 4.22 中左邊樹狀模型中的組成零部件時，將出現該零部件的模型信息和可變尺寸以及該零部件所有的可變參數和關係式，如圖 4.23 所示。用戶可以根據需要改變該零部件的可變參數值，點擊「計算零件本身相關尺寸」按鈕，則此時根據輸入的修改值和該零部件的關係式計算該零部件的其他參數值。這裡將直平行墊板的長度由 2000 修改為 2440，陣列個數由 111 修改為 135。如果點擊「計算其他零件相關尺寸」按鈕，則根據圖 4.20 的計算原理和圖 4.22 的計算關係式計算其他零部件的相關尺寸。在此，根據接水盤：D1 = 直平行墊板：D1，計算出接水盤：D1 有原來的 2000 改變為 2440。當鼠標點擊左邊樹狀結構中的接水盤零件時，會發現尺寸參數已發生改變，實現界面如 4.24 所示。其他組成零部件的尺寸變化類似。當點擊完「計算零件本身相關尺寸」和「計算其他零件相關尺寸」兩個按鈕後，可以點擊圖 4.22 中的「生

成」按鈕查看部件變型的效果。

圖 4.22　零部件協同變型設計功能界面（1）

圖 4.23　零部件協同變型設計功能界面（2）

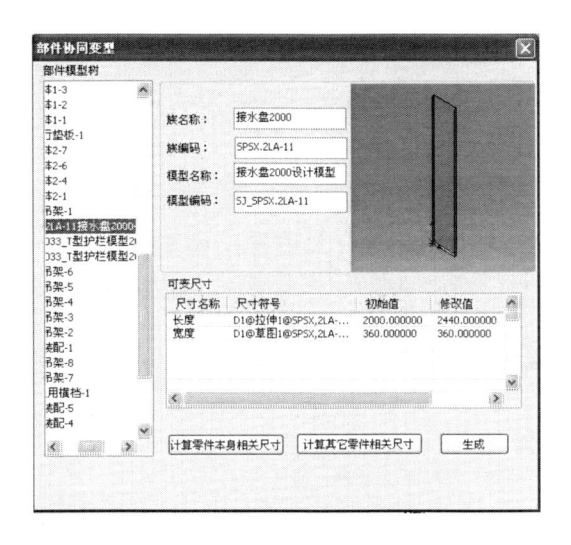

圖 4.24　零部件協同變型設計功能界面（3）

4.5　本章小結

　　本章闡述了基於平臺的灌裝輸送線數字化設計，利用平臺建立的零部件庫、設備庫、輸送單元庫、佈局模型庫、系列化管理工具等進行灌裝輸送線的設計。首先利用佈局模型庫提供的模型資源進行灌裝輸送線的佈局設計，利用仿真軟件對佈局模型進行分析，根據佈局設計和仿真分析的結果對灌裝輸送線零部件及輸送單元進行結構設計。其次利用平臺提供的變型設計功能對結構進行部件變型設計，該變型設計支持佈局設計。最後利用零部件協同變型技術實現了輸送線組成單元的協同變型。原型系統完整地實現了灌裝輸送線的全部設計內容和要求。

第五章
總結與展望

【摘要】本章對全文工作做了全面的總結和展望，闡述了本書的研究成果以及不足之處，並對下一步研究工作做了展望。

5.1 總結

本書針對企業應用現狀，對灌裝輸送線數字化設計平臺進行了需求分析，在分析灌裝輸送線數字化設計的過程與主要內容後，研究了灌裝輸送線數字化設計平臺的功能體系，對平臺的功能模型進行了設計。提出了灌裝輸送線數字化設計平臺的關鍵技術，即灌裝輸送線產品族模型建模技術、零部件協同變型技術與灌裝輸送線產品系列化技術。在此基礎上，本書做了以下主要工作：

（1）設計和開發了建模工具，主要包括灌裝輸送線零件建模工具、部件建模工具和零部件系列化設計工具。

（2）設計和開發了灌裝輸送線部件變型設計工具，在基於平臺基礎庫（零件庫、部件庫、輸送線單元庫、設備庫）的基礎上，實現了灌裝輸送線部件的變型設計。

（3）設計和開發了灌裝輸送線的零部件協同變型設計功能，實現了灌裝輸送線佈局設計與零部件設計的協同變型設計。

5.2　展望

利用灌裝輸送線數字化設計平臺可以節省設計時間，提高效率，該平臺對企業有著十分重要的意義。在灌裝輸送線設計的實際過程中，輸送線設計是一個較為複雜的過程，作者認為以下三方面還應當深入研究：

（1）灌裝輸送線單元設計：本書對灌裝輸送線的零部件設計進行了詳細的描述，對於灌裝輸送線的整體佈局，包括灌裝輸送線單元接口設計等涉及較少。因此在這方面，整個灌裝輸送線平臺還需進一步完善。

（2）模型的有限性：本書在設計灌裝輸送線零部件時，只建立了幾何設計模型，對工藝模型、NC模型等未進行研究。下一步將從這方面完善該系統。

（3）系統實現的局限：灌裝輸送線數字化設計是一個複雜而龐大的系統，本書設計並開發了一個原型系統，該系統還需在運用時進一步完善，才能達到最好的實用效果。

參考文獻

1. 高原，郭飛. 輸送線上的分列裝置［J］. 包裝與食品機械，2008，26（1）：56-58.
2. 王書亭，劉繼紅，郭宇，等. 基於面向對象的灌裝生產線三維仿真系統［J］. 系統仿真學報，2001，13（5）：640-643.
3. 李占輝. 液化石油氣灌裝工藝設計［J］. 石油規劃設計，1995（4）：41-42.
4. 崔榮會，於巧稚，魯媛媛. 娃哈哈精機：里程碑式的變革［J］. 中國製造業信息化，2009（16）：62-63.
5. 賈延林. 模塊化設計［M］. 北京：機械工業出版社，1993.
6. 陳硯，單泉. 模塊化產品族模型的研究［J］. 組合機床與自動化加工技術，2009（4）：11-14.
7. 林蘭芬，高鵬，蔡銘，等. 集成環境下產品建模技術的研究［J］. 浙江大學學報：工學版，2005（8）：1168-1173.
8. 楊方飛. 機械產品數字化設計及關鍵技術研究與應用［D］. 中國農業機械化科學研究院，2005.
9. 何苗，敬石開，楊海成. 基於事物特性表的 CAX/PDM 系統的集成研究［J］. 計算機集成製造系統，2008（14）：

2369-2374.

10. 熊煥雲. 虛擬現實技術在灌裝生產線設計中的應用研究［D］. 廣東工業大學，2003.

11. 徐曉峰，樊留群，張浩. 集成化產品設計思想及虛擬仿真建模研究［J］. 機電一體化 Mechatronics，2005（1）：49-51.

12. 段小東，顧立志. 機械產品的數字化設計特點與技術進展［J］. 機械工程師，2007（12）：37-40.

13. 於勇，陶劍，範玉青. 大型飛機數字化設計製造技術應用綜述［J］. 航空製造技術，2009（11）：57-60.

14. 史春濤，張寶歡，王韜，等. 實現摩托車數字化設計的關鍵技術綜述［J］. 機械設計，2005（8）：5-7/36.

15. 雪榆，趙震. 模具的數字化製造技術［J］. 中國機械工程，2002，13（22）：1891-1893/1901.

16. 張伯鵬. 數字化製造是先進製造技術的核心技術［J］. 製造業自動化，2000，22（12）：1-5/9.

17. 羅垂敏. 數字化製造技術［J］. 電子工藝技術，2007，28（1）：52-54.

18. 阮雪榆. 高檔數控機床與製造工藝創新論壇會議論文集［C］. 江蘇蘇州，2009.

19. Bronsvoort W F, Noort A Multiple-view feature modeling for integral product development［J］Computer-Aided Design，2004，36（10）：929-946.

20. Curran R, Gomis G, Castagne S, Butterfield J, Edgar T, Higgins C, McKeever C Integrated digital design for manufacture for reduced life cycle cost［J］International journal of Production Economics，2007，109（1-2），27-40.

21. Kai Cheng, Richard J. Bateman. e-Manufacturing：Characteristics, applications and potentials［J］. Progress in Natural

Science, 2008 (18): 1323-1328.

22. 祁新梅. 機械產品建模技術研究現狀及趨勢 [J]. 合肥工業大學學報: 自然科學版, 2000 (12): 1023-1027.

23. 歐陽渺安. 面向對象的智能產品建模技術的研究 [J]. 現代製造工程, 2005 (6): 35-37.

24. 楊忠華, 王宗彥, 吳淑芳. 基於產品族的參數化建模技術研究 [J]. 起重運輸機械, 2009 (3): 61-63.

25. 史俊友, 高吉濤. 層次事物特性表的零件族建模技術及其管理系統 [J]. 現代製造工程, 2009 (8): 41-44.

26. 樓軼超, 林蘭芬, 董金祥. 語義驅動的集成化產品建模 [J]. 計算機輔助設計與圖形學學報, 2008, 20 (3): 366-373.

27. 馬軍, 祁國寧, 顧新建, 等. 面向快速回應設計的零件資源可重用建模與匹配 [J]. 浙江大學學報: 工學版, 2008 (8): 1428-1433.

28. 顧新建, 楊志雄, 張曉倩, 等. 服裝大批量定制中的關鍵技術 [J]. 紡織學報, 2003, 24 (6): 253-255.

29. 譚建榮, 萬昌江, 劉振宇. 組件化虛擬樣機單元協同裝配技術研究 [J]. 計算機集成製造系統, 2006, 12 (4): 557-562.

30. 祁國寧, 陳立平, 李華. 多學科設計優化 (MDO) 方法前景分析 [C] //「慶祝中國力學學會成立50週年暨中國力學學會學術大會」2007 論文摘要集 (下), 2007年, 中國北京.

31. STUTZ J, KASHYAP R L. Improving variant design of mechanical systems through functional relationships [A]. ASME International Computers in Engineering Conference and Exposition [C/CD], 1989: 151-159.

32. PREBIL I, ZUPAN S, LUCIC P. Adaptive and variant

design of rotational connection [J]. Engineering with Computer, 1995 (11): 83-93.

33. 嚴曉光, 張芬, 陳卓寧, 等. PDM/CAX 產品變型設計系統 [J]. 計算機輔助設計與圖形學學報, 2008 (1): 124-128.

34. 餘軍合, 祁國寧. 基於關聯事物特性表的變型設計技術研究 [J]. 機械科學與技術, 2006 (5): 172-175.

35. 魯玉軍, 餘軍合, 祁國寧, 等. 基於事物特性表的產品變型設計 [J]. 計算機集成製造系統, 2003 (10): 840-844.

36. 武守飛, 張勇. 基於元件基礎框架的產品結構變型方法 [J]. 農業機械學報, 2009 (2): 180-184.

37. 史俊友, 翟紅, 岩張濤. PDM 環境下基於 SolidWorks 的變型設計及自動裝配系統 [J]. 機械設計與製造, 2006 (10): 56-58.

38. 鄒湘軍, 孫健, 何漢武. 灌裝生產線虛擬環境的多Agent建模研究 [J]. 系統仿真學報, 2004, 16 (4): 757-759/774.

39. 熊煥雲, 孫健, 王永超. 虛擬灌裝生產線的研究與開發 [J]. 機械設計與製造, 2003 (3): 81-83.

40. 曹菲, 李光. 基於生產物流系統分析的啤酒灌裝生產線優化設計 [J]. 包裝工程, 2007, 28 (9): 74-76.

41. 董萌. 帶式輸送機非標準設計方法研究 [D]. 太原: 太原科技大學, 2007.

42. 丁志浩. 產品系列化設計——電動工具的系列化設計 [D]. 南京: 南京理工大學, 2004.

43. Chin K S, Zhao Y, Mok C K, STEP-based multiview integrated product modelling for concurrent engineering [J]. Advanced Manufacturing Technology, 2002, 20 (12): 896-906.

44. MARTINO T D, FALCIDIENO B, HABINGER S. Design and engineering process integration through a multiple view intermediate modeller in a distributed object-oriented system environment [J]. Computer-Aided Desige, 1995, 30 (6): 437-452.

45. 嚴雋琪, 蔣祖華, 馬登哲. 基於全息產品建模的虛擬加工 [J]. 計算機集成製造系統, 2000, 6 (5): 18-22.

46. 祁國寧, 楊青海, 黃哲人. 面向大批量定制的產品開發設計方法研究 [J]. 中國機械工程, 2004, 15 (19): 1697-1701.

47. 金國新. 基於 SML 與加工特徵的零件工藝變型設計技術及系統 [D]. 杭州: 浙江大學, 2007.

48. 王世偉. 基於知識的產品配置建模、演化及其應用研究 [D]. 杭州: 浙江大學, 2004.

49. 周義廷, 楊東, 伍宏偉. 面向對象的產品配置建模及約束推理研究 [J]. 計算機集成製造系統, 2009, 15 (4): 652-660.

50. 張勁松, 王啓富, 萬立, 等. 基於本體的產品配置建模研究 [J]. 計算機集成製造系統, 2003, 9 (5).

51. 周宏明, 薛偉, 李峰平, 等. 面向客户定制需求的產品配置系統 [J]. 農業機械學報, 2007, 38 (8): 132-136.

52. 仲梁維, 陳康民. 基於產品配置的燈椿 CAD 系統研究 [J]. 上海理工大學學報, 2008, 30 (2): 175-178.

53. 蔣先剛. 基於 Windchill 的產品配置管理研究 [J]. 組合機床與自動化加工技術, 2004 (4): 103-106.

54. 魏曉鳴, 劉曉冰, 楊春立. 面向大規模定制的產品設計知識管理方法 [J]. 農業機械學報, 2006, 37 (7): 133-137.

55. 周濤, 孫傳軍, 馬霖, 等. 複雜輕武器產品通用化、模塊化、系列化應用與發展對策 [J]. 兵工學報, 2007, 28

（6）：753-757.

56. 葉鋒. 人因工程學在產品尺寸系列化設計中的應用[J]. 機械設計，22（增刊）：65-66/16.

57. 蘇少輝，祁國寧，顧巧祥，等. 面向大批量定制設計的CAD系統與PDM系統的集成[J]. 計算機集成製造系統，2005，11（6）：799-804.

58. 陶熠，張勇，張宗偉，等. 面向灌裝輸送線的數字化設計製造集成平臺的開發[J]. 機械工程師，2010（2）.

國家圖書館出版品預行編目(CIP)資料

飲料灌裝輸送線數位化設計平臺研究與開發/ 陶熠 著.-- 第一版.
-- 臺北市：崧博出版：財經錢線文化發行，2018.10

面；　公分

ISBN 978-957-735-553-9(平裝)

1.飲料業 2.包裝

481.75　　　　107016712

書　名：飲料灌裝輸送線數位化設計平臺研究與開發
作　者：陶熠 著
發行人：黃振庭
出版者：崧博出版事業有限公司
發行者：財經錢線文化事業有限公司
E-mail：sonbookservice@gmail.com
粉絲頁　　　　　　網　址
地　址：台北市中正區延平南路六十一號五樓一室
8F.-815, No.61, Sec. 1, Chongqing S. Rd., Zhongzheng Dist., Taipei City 100, Taiwan (R.O.C.)
電　話：(02)2370-3310　傳　真：(02) 2370-3210
總經銷：紅螞蟻圖書有限公司
地　址：台北市內湖區舊宗路二段 121 巷 19 號
電　話:02-2795-3656　　傳真:02-2795-4100　網址：
印　刷 ：京峯彩色印刷有限公司（京峰數位）

　　本書版權為西南財經大學出版社所有授權崧博出版事業有限公司獨家發行電子書及繁體書繁體版。若有其他相關權利及授權需求請與本公司聯繫。

定價：250元

發行日期：2018 年 10 月第一版

◎ 本書以POD印製發行